孩子
受益一生的
思维力

杨瑜君 万 玲/著

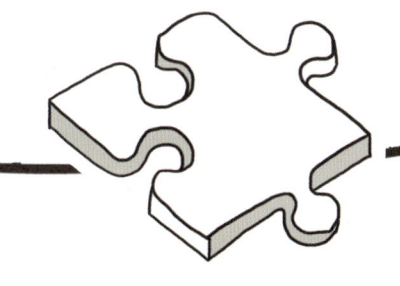

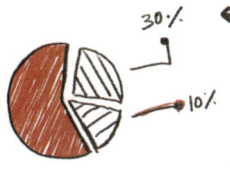

古吴轩出版社
中国·苏州

图书在版编目（CIP）数据

孩子受益一生的思维力 / 杨瑜君，万玲著. —苏州：古吴轩出版社，2018.12（2019.8重印）

ISBN 978-7-5546-1312-2

Ⅰ.①孩… Ⅱ.①杨… ②万… Ⅲ.①思维方法—能力培养—儿童读物 Ⅳ.①B804-49

中国版本图书馆CIP数据核字（2018）第290200号

责任编辑：蒋丽华
见习编辑：顾　熙
策　　划：姜舒文
封面设计：胡椒书衣

书　　名	孩子受益一生的思维力
著　　者	杨瑜君　万　玲
出版发行	古吴轩出版社
	地址：苏州市十梓街458号　　邮编：215006
	Http://www.guwuxuancbs.com　　E-mail：gwxcbs@126.com
	电话：0512-65233679　　传真：0512-65220750
出 版 人	钱经纬
经　　销	新华书店
印　　刷	朗翔印刷（天津）有限公司
开　　本	710×1000　1/16
印　　张	15.5
版　　次	2018年12月第1版
印　　次	2019年8月第2次印刷
书　　号	ISBN 978-7-5546-1312-2
定　　价	49.80元

如发现印装质量问题，影响阅读，请与印刷厂联系调换。022-69485800

前言
Preface

　　如今升学、就业竞争异常激烈，想必每一位负责任的家长，都不会忽视对孩子的教育。

　　"教育"到底是什么呢？英文中的教育"education"来源于拉丁文"e-ducere"，是"lead out"或"bring out"（带出、激发出）的意思，它强调知识的获得是一个由内而外的探索发现过程，而不是从外到内的搬运灌输。

　　这些年亲历美国教育，我真切体验到了这个"由内而外"的过程。在我们所观察到的美国教育体系里，他们非常重视对孩子思考能力的培养，这种教学思想几乎渗透到所有的学科中，语文课培养阅读思维，数学课培养数学思维，科学课培养科学思维，还有大家经常听到的创造性思维、批判性思维……可以说，"Thinking"思维是美国教育中最为重要的一种思维。因为他们相信，良好的思考能力可以启发孩子由内往外地探索和发现，体现自身价值。

　　所以，比起教学生"思考什么"（What to Think），美国教育更注重引导孩子学会"如何思考"（How to Think），学会关注、分析自己思考的每一步是否合理、清晰、合乎逻辑，有没有遗漏的可能性，或者可以继续联想、发散、深挖的地方。为了做到这一点，在整个教学过程中会推行和使用很多辅助方法和工具，其中最系统、最有代表性的，无疑就是我们在这本书里要和大家探讨的思维导图（Thinking Maps）。

　　思维导图是一套和我们的思维过程对应的视觉图形工具，它可以把大脑中原本混沌抽象的思维过程变得具体、直观，让孩子"看得见，摸得着"自己的所思所想，从而掌握思维方法和技巧，学会有意识地思考。

和很多美国孩子交流时我能明显感觉到，孩子们的思路清晰、能说会道，在很大程度是受益于这种长期的思维训练。想得更清晰，自然说得就更有条理。孩子们在课堂上会用思维导图来整理课堂笔记、记录知识要点、表达自己的想法、和同学沟通讨论……长期反复的练习在潜移默化地塑造着他们的思维模式，培养他们良好的思考能力，甚至作为观察者的我们也觉得受益良多。

正是感受到思维导图训练对孩子的帮助，我们之前在微信公众号"东西儿童教育"和育儿书《聪明的妈妈教方法》中都专门分享过这个话题。现在，我们把这几年的学习心得和应用实践经验都总结在这本书里，希望能帮助广大家长、老师了解并且在日常生活、教学中引导孩子使用好这套非常棒的思维工具。

市面上关于思维导图的书籍不少，但以一个零距离观察美国课堂的角度，采集第一手教学实践材料、提供原汁原味学习用例的思维导图书籍并不多见。本书分为五章，循序渐进地阐述以下关键点：

- 为什么需要思维导图？（Why）
- 什么是思维导图？（What）
- 怎么使用思维导图？（How）
- 思维导图在学科中的应用（Application）
- 思维导图的延展应用（Extension）

对孩子来说，解决未来无尽难题的黄金钥匙并不是知识储备，而是思考能力。思维导图可以帮助孩子从零开始思考多角度激发思维活力，更加"会学"，所以面对新知识、新事物时也就更容易"学会"。也许它并不像做几道数学题或者读几本英文绘本那样让我们能立马看到"功效"，但长期坚持练习使用的话，将全面提升孩子的思考能力。

家长和孩子一起学习使用思维导图的过程中，需要特别注意这几点：

思维导图并不"高大上"。它很简单，简单到蹒跚学步的孩子都可以用，也很有效，现在的职场精英用它也不过时。它是很平民化的、三岁小孩都可以掌握的工具，千万别被它的名字吓住了。

思维导图并不是拿来学的，而是拿来用的。英语课、奥数课，我们去学知识，舞蹈课、游泳课，我们去学技能，而思维导图不是一门具体的知识或技能，它是一个帮助我们思考的工具。就好比是一个榔头，我们不学榔头是什么材料做的，只要看到钉子的时候能想起用它就行。

想让思维导图发挥作用，最关键的是要养成习惯。因为它并没有在国内的学校中普及，所以亟须家长的参与。如果孩子在学校不使用，在家里又没有得到引导，那么使用它的习惯恐怕很难养成。这对父母来说是个挑战，也是个学习的好机会。和孩子一起练习，相互强化，养成使用思维导图的习惯对父母来说也会受益无穷。

欢迎你和我们一起开启孩子们的思考之旅！

Contents
目 录

第一章 决定孩子未来的是思考能力

思考 VS 知识 / 2
  怎样避免在时代巨变中落伍 / 2
  思考成为更重要的力量 / 3

孩子的第一个思考工具——思维导图 / 8
  思维导图是什么 / 8
  思维导图在全球的应用 / 10
  思维导图让孩子"思"半功倍 / 12

第二章 八大思维导图，让孩子的思考"理得清，看得见"

圆圈图（发散思维） / 28
气泡图（描述思维） / 38
括号图（整分思维） / 51
树形图（分类思维） / 61
双气泡图（比较思维） / 72

流程图（顺序思维）/ 82

因果图（因果思维）/ 94

桥形图（类比思维）/ 105

第三章 帮孩子"爱"上思维导图

做好三大区分，让图示选择更加得心应手 / 116

圆圈图和气泡图的区别 / 116

树形图和括号图的区别 / 119

Thinking Maps 和 Mind Map 的区别 / 121

掌握三个小贴士，让学习更有成就感 / 126

在思考过程中，学会区分事实和观点 / 126

画图是最终目的吗 / 128

读图很关键 / 129

培养孩子优秀思维力的三部曲 / 132

输入——给孩子提出一个好问题 / 132

处理——让孩子充分思考 / 134

输出——让孩子自由表达 / 136

小结 / 137

第四章 延展应用——让孩子的学习力飞起来

思维导图用于阅读 / 140

学习阅读 / 140

在阅读中学习 / 149
有效倾听 / 153

思维导图用于写作 / 154
写作流程 / 154
构思大纲 / 155
初稿写作 / 159
润色打磨 / 159
公众演讲 / 163

思维导图用于英语 / 166
语音拼读 / 166
单词拼写 / 169
语法知识 / 173

思维导图用于数学 / 176
数学概念 / 176
解题流程 / 181

思维导图用于科学 / 187
生物学 / 188
物理 / 190
化学 / 191

思维导图与记忆力 / 194
抓住信息 / 195
理解信息 / 196
组织信息 / 198
用 Mind Map 整理信息 / 201

第五章 思维综合应用——能想才会做

美国纽约行程规划 / 209
　　行程安排 / 209
　　旅行收获 / 213
　　小结 / 215

放学后的时间管理 / 216
　　时间管理的重要性 / 216
　　时间管理三步法 / 217
　　小结 / 225

科学创客——智能作业本 / 226
　　项目流程 / 226
　　需求分析 / 227
　　项目定义 / 228
　　产品定义 / 229
　　设计 UI 风格 / 230
　　技术方案选择：VR 还是 AR / 232
　　功能模块集成 / 234
　　小结 / 234

第一章

决定孩子未来的是思考能力

思考 vs 知识

怎样避免在时代巨变中落伍

"知识就是力量",这句铿锵有力的话是 400 多年前英国哲学家培根提出的。意思是人们掌握的知识越多,对客观世界的认识就越深刻,改造世界的能力就越强,取得成功的机会也就越多。

但那是一个知识不那么容易"复制"的时代。经济水平落后,知识获取困难且传播不便。上学读书的机会不是人人都能拥有,书籍也不那么容易获得。大多数知识以私有的形式保存于少数人的手中。

当时的知识是高贵的、稀有的、严肃的。

300 多年后,当书籍走入寻常百姓家,开始渐渐普及时,大家对知识的理解就发生了变化。爱因斯坦刚移民到美国时知名度已经非常高,所以常常受到记者的围堵采访。据说有一次一位记者问他,音速是多少?爱因斯坦摇摇头表示不知道。记者很诧异:"怎么会不知道?你不是一流的科学家吗?!"爱因斯坦说:"这些可以在书上查到的东西,我没有记在脑子里。"

查书总归是一件费时费力的麻烦事,如果说爱因斯坦这句话在当时还略显轻狂的话,那放在今天来看,就一点儿也不为过了。

在互联网时代,大到浩渺的宇宙天体,小至如何烧菜洗衣,几乎没有网上找

不到的知识。我们这一代觉得在网上查找资料已经足够方便了,但孩子们那一代,他们的生活习惯即将或已经是这样的:

"Hi,Siri,天为什么是蓝色的?"(Siri 是苹果的智能管家。)
"Hey,Google,地球有多重?"(Google 是谷歌的智能管家。)
"Alexa,为什么动物可以走路,植物却不可以?"(Alexa 是亚马逊的智能音箱。)
"小爱,明天天气如何?"(小爱是小米的智能音箱。)

有强大数据库和人工智能支撑的各种产品已经成为我们身边一位无所不知,有问必答,而且随叫随到的"老师"。这些还仅仅是已经走进了广大普通家庭的产品,在不久的将来,还会有更方便的技术,比如 VR(Virtual Reality,虚拟现实)的普及。当孩子想了解什么知识,比如埃菲尔铁塔有多高,将会立马置身于一个虚拟的场景,坐着直升机悬浮于巴黎上空,身临其境去感受。

现有的知识唾手可得,那未来呢?人工智能正迅速崛起,它可不仅仅是会下围棋的 Alpha Go,还具备了超强学习能力和超大存储容量,它正在侵蚀以前只有人类才能胜任的领域。IBM 的人工智能医生沃森已经在很多国家的医院服役,比真正的肿瘤医生判断更迅速、更准确。LawGeex 的人工智能律师已经可以读懂人类的文书,并且比人类同行更快更准地找到其中的法律问题。那是不是在学校里苦学十多年才能上岗的医生和律师,也会在一夜之间被 AI 抢走饭碗了?连医生和律师都如此,还有什么能让我们觉得固若金汤,今天有用,未来也一定会有用呢?在这样的背景下,我们的孩子要学习什么才不会在巨变的时代中落伍呢?

思考成为更重要的力量

子曰:"学而不思则罔,思而不学则殆。"老祖宗就有体会,只学习不思考就会迷茫,只思考不学习就会倦怠而无所得,学和思相辅相成、相互促进。这里的学就是学习知识,思就是思考。

孩子受益一生的思维力

美国顶级畅销书作家威廉·庞德斯通在他的新书《知识大迁移》里谈到的一个古希腊的例子，很有代表性。说古希腊的元老院里，有一种职业叫作"助记员"。他们的工作，就是在元老们辩论的时候，给元老们提供所需的事实。比如城里有多少人口，上个月天气怎么样，诸如此类。这个职业假如用古希腊语直译过来，名字就叫"好记性"。这些人就相当于古代的百度、谷歌，专门负责给答案。元老们搞政治辩论，真正的竞争在于，他们能向助记员问出什么样的问题。从职业上来看，夸张一点说，助记员负责提供知识，元老们负责思考，缺一不可，两者结合才能迸发出真正的力量。

而在今天这个知识丰盈且获取异常便利的时代，"好记性"有高科技代劳，无处不在，对人类个体来说，思考比以往任何时候都更有价值。

澄清一下，这并不是说知识就完全不重要了，负责思考的元老们如果没有充足的知识储备，他也根本问不出有价值的问题啊！"雨果奖"得主郝景芳说得很好："真正的创造力是在丰富的知识基础上的灵活思维，肚子里没货，创意也只是胡思乱想。创造力是知识峰顶的一抹白雪，晶亮靠白雪，高度靠山峰。"

所以即使在人工智能时代，宽阔的知识基础和灵活的思维能力仍然是孩子必备的素质。不过，我们需要用不同的眼光去看待知识，去衡量我们该积累哪些层面的知识，因此思考就成了更重要的力量。

善于思考的好处

思考，让学习更高效

发现身边那些学习好，后来发展得也很好的同学，几乎都有一个共性，就是特别善于思考。成绩好不是因为死读书，而是学得很"活"。如果考试题目难度不大，大家成绩也不会有太大差别。但只要有一两道特别难的附加题，或者是竞赛水平的考试，差距立马就能体现出来。同一个班的孩子，每天上同样的课，做同样的作业，为什么考试成绩有高下之分，知识掌握的程度有强弱差别呢？

原因是虽然孩子们接收到的知识是相同的，但怎么筛选，怎么加工，每个人拿到知识后做什么事，产生的价值是不一样的。就像同样的食材，不同的厨师能做出不同品质的菜肴一样，能否对知识做更优质的加工，将成为决定胜负的关键因素。

不少孩子平时只习惯于做"一次性思考"，这其实不算真正的思考，只是接收了老师教授的知识，然后把它一次又一次地套用到作业、测试题目中，并没有停下来对学过的知识进行真正的整理和思考。这在题型没有变化，难度没有加大的考试中是行得通的。但只要遇到难题，遇到那些无法立即明白的问题、任务、现象，需要发挥思考能力去寻找甚至创造答案的情况时，长期缺乏思维训练的孩子就会很吃亏。而那些善于思考的孩子，他们在平时的学习中不仅仅满足于接收老师传授的知识，完成并且做对老师布置的作业，还在听课和练习中养成了不断思考，提出新的问题，积极寻找答案的习惯。知识在他们的思考中已经进行了发酵，经过了自己的解释和理解，成了他们的一部分，所以无论考试如何变换题型、考法，他们也能运用自如。

下面用两幅图形象地说明一下。

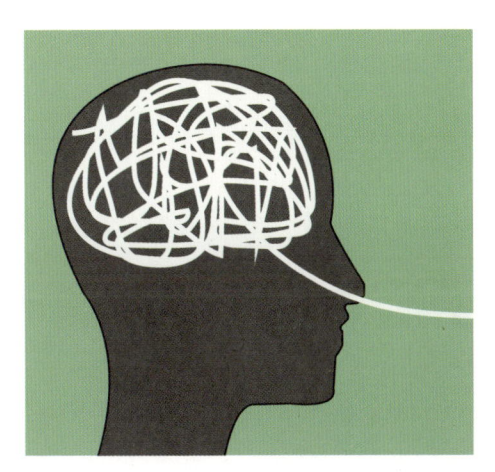

图 1.1-1 知识在大脑中的不同存储方式

有些学生大脑里的知识存储就像图 1.1-1 中左边的图，零散而混乱。而有些就像图 1.1-1 中右边的图一样，清晰而有条理。思考能力强的孩子善于对知识进行分类整理、分析联想，并和脑海里的旧知识产生关联和类比，自然加深了记忆和理解。和我们在一个收纳整齐的家里找东西会很顺手类似，当需要把这些知识"调用"出来，比如考试或者运用这些知识来解决问题时，同样也得心应手。

思考，让我们在知识的海洋里更从容

现在是一个信息爆炸的时代，不是缺乏知识，而是知识太多。《知识大迁移》中提到，过去的知识总量比较少，人和知识之间是一种占有关系，占有得越多能力越强。但是现在不行了，人类的知识总量已经达到任何一个人用任何一种方式都没办法完全占有的程度，哪怕只是一个门类的知识。

作者还打了个很形象的比方：过去水很少，而自己这个桶蛮大，往空桶里装水，当然是装得越多越好。可现在的水多得像大海，即使你装了满满一桶也不起什么作用，所以你必须得学会游泳，能直接往水里跳就好了。

我们的学习方式必须改变，比起积累细节的知识点，我们更需要宽广、多维的知识脉络，需要快而准地获取有效信息的能力，而不是被动地把接收到的信息都设法倒进自己的桶里，被信息牵着鼻子走。

良好的思考能力能让孩子迅速判断出什么信息是有用的，什么是重点，什么是关键，哪些需要牢记，哪些只需了解，要用的时候在网上搜索一下就可以找到。就像爱因斯坦觉得他并不需要记住音速是多少一样。

思考，让我们在知识的海洋里更从容。

思考，让我们对人工智能还保有些胜算

以色列天才历史学家尤瓦尔·赫拉利在 2017 年年初出版了《未来简史：从智人到神人》，这本书长期占据《纽约时报》畅销书榜，书中谈道："当以大数据、人工智能为代表的科学技术发展的日益成熟，人类将面临从进化到智人以来最大的一次改变，绝大部分人将沦为'无价值的群体'，只有少部分人能进化成特质发生改变的'神人'。"

这种说法听上去有点危言耸听，或者在情感上很难被认可。但下面这点应该是没有太多质疑的，那就是关于人工智能的新闻会越来越多，人们在一个又一个曾经只有人类能够胜任的领域，会接二连三地失手，在和人工智能的较量中败下阵来。

在学习知识，以及根据固定知识进行例行工作这方面，人类是很难和人工智能相抗衡的。要避免成为"无价值的群体"，必须得具备强大的思考能力。现有的知识更适用于解释过去和当下，而思考能力能让我们更好地应对不确定的未来。去探索未知，发明创新，做那些从无到有，从0到1的事情，这是我们在面对强大的人工智能时还能保有的一点胜算。

不同时代对人才的定义，影响着我们对孩子的培养方向。古时"两耳不闻窗外事，一心只读圣贤书"；我们这一代需要大量的工程人才，所以"学好数理化，走遍天下都不怕"；而我们孩子这一代，信息爆炸，人工智能蓬勃发展，学会思考，才能不被时代所淘汰。

那怎么才能学会思考呢？这么抽象的东西能教、能学吗？

思维的传授并不轻松，和语文、数学那些划分清晰、有明确知识点的学科不一样，思维教授很大的难度在于它的定义不够明确，也很难被感知，很难具体地融入日常教学中。所以长久以来，几乎整个教育界都在寻求一种合适的方法，让老师在教学中不仅能给孩子展现问题的解决方法，还能给他们呈现正确的思考过程；同时也让孩子能方便地把自己的思考过程呈现表达出来，让老师能观察并且帮助孩子提高思考能力。

这个问题终于在20世纪80年代末得到了很好的解答。

孩子的第一个思考工具——思维导图

思维导图是什么

1988 年，美国教育学博士 David Hyerle（大卫·海勒）在语义学和认知心理学的基础上，发明了一种用来建构知识、发散思维、帮助学生思考、提高学习能力的可视化工具——Thinking Maps，即思维导图。它以脑神经科学为基础，把人类在思考问题时的八种基本思维过程，用八个对应的图示来表达，通过可视化的方法来引导孩子学习如何思考，以及如何跟他人沟通，分享自己的思考结果。思维导图的八个图示分别是圆圈图、气泡图、括号图、树形图、双气泡图、流程图、因果图和桥形图。

Circle Map（圆圈图）——发散思维，发散性地思考和某个话题相关的事物。
Bubble Map（气泡图）——描述思维，形容、描述某个事物的特性特点。
Brace Map（括号图）——整分思维，对事物进行结构分解。
Tree Map（树形图）——分类思维，对事物进行分门别类。
Double Bubble Map（双气泡图）——比较思维，比较两个事物间的异同。
Flow Map（流程图）——顺序思维，理清事物的发展顺序。
Multi-Flow Map（因果图）——因果思维，理清事件发展的前因后果。
Bridge Map（桥形图）——类比思维，找寻不同事物之间的类似和共通之处。

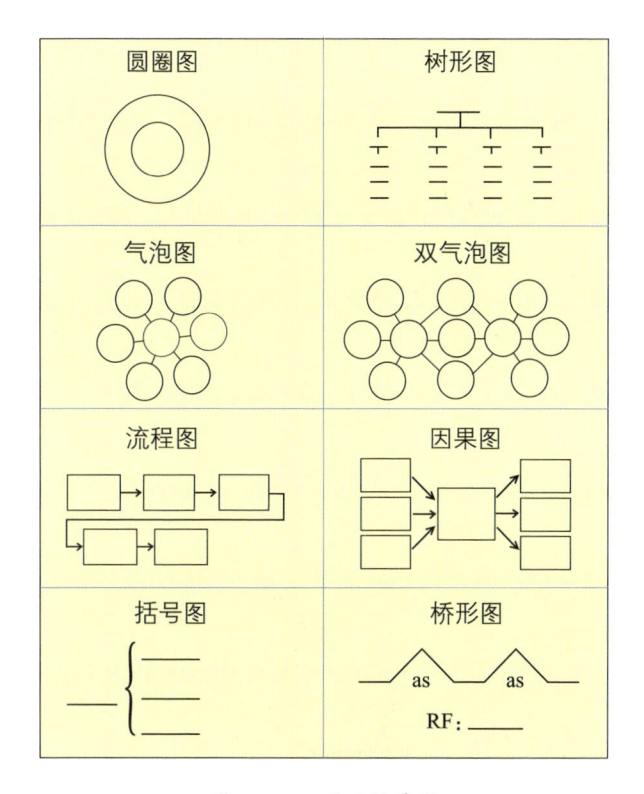

图 1.2-1 八种思维导图

  思维导图能帮助学习者把他思考的内容和思考的过程呈现出来，记录是什么因素影响了他最后的分析结果。不仅可以帮助学生整理知识，理清自己思考的脉络，还能帮助老师了解学生的思考过程以及对知识的理解情况，找到学生可提高的地方。可以说，孩子掌握了这八种导图，就等同于拥有了一把思考的万能钥匙。当遇到新问题时，无论是在生活中发生的，还是在学习中遇见的，都可以选用其中的一种或几种导图，把问题想清楚、说明白。

  因此，这八大类型的思维导图很快被搬进了课堂，老师借助这个工具教孩子如何思考，如何分析自己的思维过程，如何深挖改进。渐渐地，"思考"这个抽象的概念也变成了一门具体的"课程"，思维导图也被称为是"A Language for Learning"（学习的语言）。

思维导图在全球的应用

1992 年，思维导图推出后不久，就应用于美国纽约、北卡罗来纳州、得克萨斯州、密西西比州等地区的学校。不仅用于不同的年级，还出现在了不同的课程上。很多老师会直接把八种导图做成海报张贴在教室的墙上，甚至画在自己穿的围裙上，以方便在课堂上时时引导、提醒孩子们使用和练习。

因为应用效果非常好，得到众多师生好评，很快思维导图就开始风靡全美乃至全世界。在新加坡和新西兰，它甚至被列为小学必修科目。

为什么思维导图这么深得老师的心？因为这让他们教得更容易，孩子也学得更轻松。

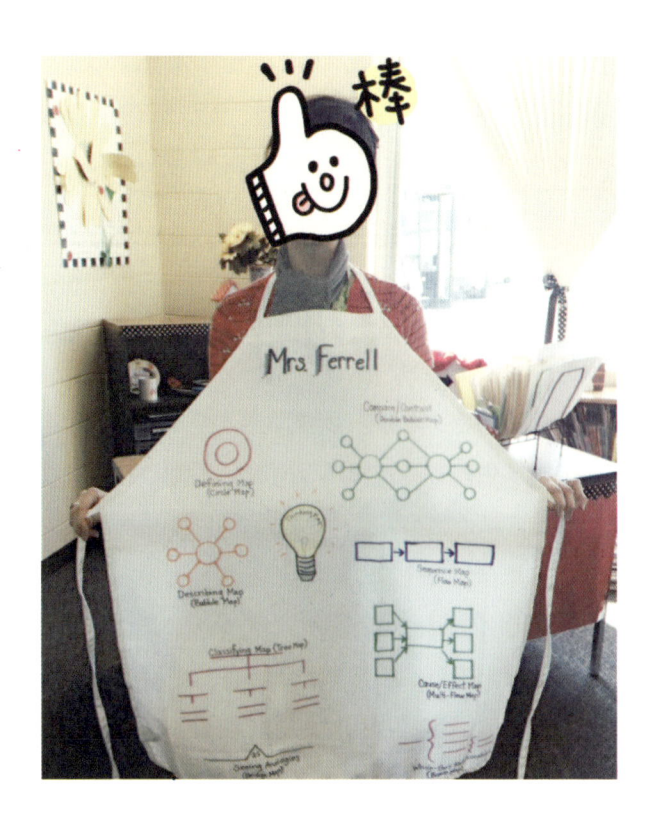

图 1.2-2 八种思维导图的实际运用

第一章 决定孩子未来的是思考能力

孩子每天会接触很多新知识，也会冒出很多新想法，这些东西都需要梳理和记忆。学习思维导图，可以帮助孩子"看得见，摸得着"自己的所思所想，从而掌握思维方法和技巧，学会怎样"有意识地思考"，让他们在学习新知识、面对新事物时：

从不爱动脑筋到习惯动脑筋
从死记硬背到举一反三
从学套路到学思路
从"学会"到"会学"

因为在学校里经常使用，孩子也不知不觉地把这种思维习惯带到了自己平时的学习中，对他们来说这种做法很普遍，就类似于我们以前做几何题画辅助线一样，是很自然的一种方法。比如前阵子逃妈家的逃逃准备学区的知识竞赛，在攻读科普材料时，就用一张双气泡图迅速抓住了老虎和熊猫之间的异同：

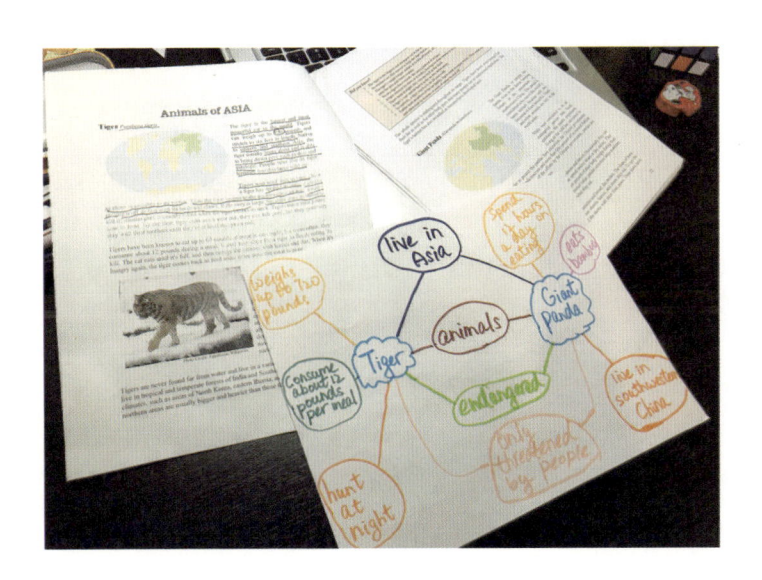

图 1.2-3 双气泡图运用举例

目前，美国评分较高的学区，从幼儿园到高中，不管是老师还是管理者，几乎都在大力推行和使用思维导图进行教学。思维导图不仅能帮助孩子锻炼思考能力，还在促进学习、提高学习能力方面起到了很重要的作用。不少老师和家长发现，孩子习惯了在学习中使用思维导图之后，思路更清晰，关键知识点记得更牢，表达、写作能力都有显著提高，孩子也更加自信了。

国内对思维导图的关注比较晚。记得 2016 年年初我们在微信公众平台上推出 Thinking Maps 的一系列分享介绍文章时，很多读者朋友还感觉比较陌生。不过在这之后的一两年内，思维导图在国内发展非常迅速，在北京、上海、广州等大城市，已经从一个新鲜事物转化为一些学校的基础课程，从实验阶段过渡到常规教学阶段。 二三线城市虽然在学校教学上还没有铺开，但不少关注教育的家长已经提早一步选择了一些线上、线下的培训课程，或者通过阅读相关书籍来熟悉并且引导孩子在日常生活、学习中使用这套思维工具。

那么， 思维导图究竟是怎样帮助孩子高效思考的呢？

思维导图让孩子"思"半功倍

思维导图背后的理论依据是"可视化思维"（Visible Thinking）。1967 年，哈佛大学教育学院成立"零点计划"，志在把教育上一些近乎空白的领域填补上去，其中就包括了对思维方式的研究。研究表明，孩子只要掌握一系列可视化思考方法（Visible Thinking Routines），就能培养出良好的思维习惯，提高思考能力。

可视化思维，顾名思义，就是让思维呈现出来，让它被"看得见"。为什么需要呈现出来呢？

首先，思维是隐形的，不容易被感知和发现。因此传递和学习的难度非常大，想象下舞蹈课上如果老师只用语言描述舞蹈动作，没有比划也没有示范，那么无论老师讲得有多详细，学生单靠脑补动作的细节是很难学会的。思维也一样，靠文字表达或语言传授，有看不见摸不着的神秘感，而如果我们能够把思维过程和方法清晰地呈现出来，自然就能更好地理解、记忆与运用了。

而且，更重要的是，脑科学告诉我们，人类对视觉信息具有天生的敏感度。人类的大脑超过 50% 用来处理视觉信息，70% 的感觉接收器都集中在眼睛里，每 1/10 秒就可以理解一个视觉信息，比消化和理解一段文字要快捷得多。

50%
大脑超过 50% 用来处理视觉信息

70%
大脑 70% 的感觉接收器都集中在眼睛里

1/10
大脑每 1/10 秒就可以理解一个视觉信息

图 1.2-4 视觉信息的接收与处理过程

这种认知经历了很长的过程。曾经科学家们以为视觉功能很简单。20 世纪 50 年代的科学家们聚在一起谈论人工智能时认为，教计算机下棋会非常困难，但教计算机去"看"则很容易。因为国际象棋对人类来说很难，只有经过大量训练才可以精通。但"看"对我们而言很容易，即使是什么都没学过的小婴儿也能"看到"。

后来大家也都知道了，别说国际象棋，就连变化更多的围棋，计算机也能轻松学会，但仿真人类视觉的技术却还在探索完善中。我们的视觉不仅像照相机那样能"看到"眼前的画面，还能像解释一门语言那样去理解这个画面。这种理解比文字、语言来得高效和深刻，就像我们常常说的"一见钟情"，就是通过视觉传递人的第一印象和情感，深入到大脑思维中；我们平时在网上购物，也总会先被漂亮的商品图片所吸引，然后才会去仔细研究细节；路上的很多行驶标志，也是以图标来展示的。

思维导图的意义

提高记忆力

科学家们按照记忆持续的时间长短，将记忆分为三类：感觉记忆（Sensory memory）、短期记忆（Short-term memory）和长期记忆（Long-term memory）。

其中短期记忆对孩子的学习能力尤其重要，它是人们在完成认知任务的过程中将信息暂时储存的记忆系统，就像一个"思维的黑板"（blackboard of the mind），能让我们在上面暂存信息，然后我们就可以在这块黑板上做处理，将这些信息与其他信息联系或转换为新的信息。所以短期记忆力还有另外一个名称，叫作Working Memory（工作记忆），更加形象，它就是人们在完成认知任务的过程中将信息暂时储存的记忆系统。但这个工作记忆区的容量是有限制的，一旦里面的信息过多，变得拥挤，就会让思考变得非常困难，而且容易出错。

对应到孩子的学习上，就是在学习的过程中将知识暂时储存的能力。提高工作记忆能力，很多问题就会迎刃而解，做作业的速度就能加快，正确率也可以提高。思维导图在提高孩子的工作记忆能力方面有很大帮助。

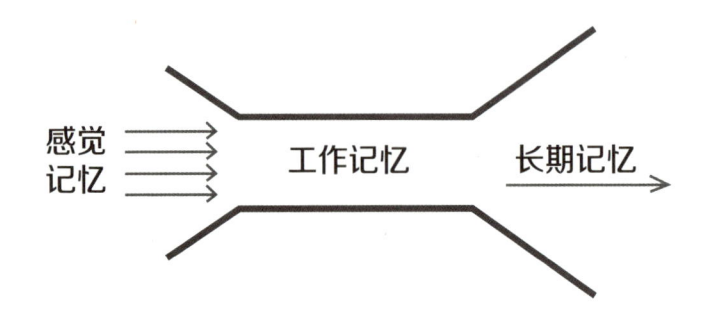

图1.2-5 从感觉记忆到长期记忆的发展过程

孩子习惯于记录自己的思维，等于"扩充"了他的工作记忆。

比如孩子做计算题时，简单的题目不需要草稿纸就可以直接答出，但当运算变得越来越复杂时，就得在纸上列出竖式进行运算了，这就是借助外部工具把运算思维"可视化"的过程。

类似地，孩子在思考问题时也一样，遇到稍微复杂一点儿的问题时，很容易想到后面就忘了前面，借助思维导图把思维过程"可视化"后，就不存在这个问题了。

思维导图能帮孩子养成抓关键信息的习惯。

假设数学课上老师出了一道题目：实验小学的环形跑道长 400 米，可可骑自行车每分钟行驶 450 米，乐乐跑步每分钟跑 250 米，两人同时从同地同向出发，问几分钟后可可第一次追上乐乐？

你会发现孩子的反应差别会很大，也许在某些孩子还想着"是哪家实验小学啊？为什么是可可骑自行车而不是乐乐啊"的时候，学霸已经给出了正确答案。题目很长，可能已经超出了孩子的工作记忆容量，而学霸的优势在于他能迅速抓住题目的关键点，把信息进行"压缩"。

比如题目里"环形跑道 400 米，两人的速度分别是 450 米和 250 米，同时从同地同向出发"这些是关键信息，至于跑道在不在实验小学，是可可、乐乐还是欢欢、明明，是骑车、跑步还是开车、开飞机都不重要。

抓关键信息的能力和习惯是可以培养的。思维导图就是很好的辅助工具，比如气泡图能帮助孩子迅速抓住事物的重要特性，流程图和因果图能帮孩子抓住事件发展过程中的关键点、前因后果。抓住了关键信息，就相当于把信息进行压缩，相对扩充了工作记忆。

思维导图能帮孩子把工作记忆里的内容放到长期记忆中去。

工作记忆的容量不但小，而且内容还不能存太久，如果不及时处理，就会消失，也就是忘掉。所以，我们必须得想办法把里面的东西搬到安全的地方——长期记忆区中去。

图 1.2-6 信息从输入到输出的全过程

怎么搬呢？想象我们记一个电话号码，13980807736，该怎么记？一种办法是不断地在心里默念，念到能条件反射地把它说出来为止；另一种方法是让它跟你已有的知识建立联系。比如我把这个号码分成四部分："139"、"8080"、"77"、"36"，嗯，"139"我知道，就是移动最早那批手机号码的前三位，"77"是一位好朋友的出生年份的后两位数，"36"是我的幸运数字，这样，需要"死记"的就只有8080了，串起来记忆并不困难，而且我发现，这样会记得更加牢固，因为它跟我的长期记忆区里现有的知识建立起了联系，长期记忆区里的内容通过这些联系把这个新知识也拉了进去。

孩子的学习也类似，我们需要帮助他养成把新信息和已有信息建立联系的习惯。学生字时，提示他们联想自己熟悉的例子，比如"光"这个字，是"发光"的"光"，"光明"的"光"，是小时候背的"床前明月光"的"光"；比如当孩子在科普书中学到熊猫是熊而不是猫的时候，鼓励孩子想想，熊猫和猫有什么区别，和熊有什么区别；当孩子学习三菱锥的特点时，让他思考三菱锥和立方体有什么相似和不同。

思维导图能帮助孩子很方便地做这种联系和比较，下面是美国二年级小学生的数学作业，用双气泡图来比较三棱锥和四方体的异同。

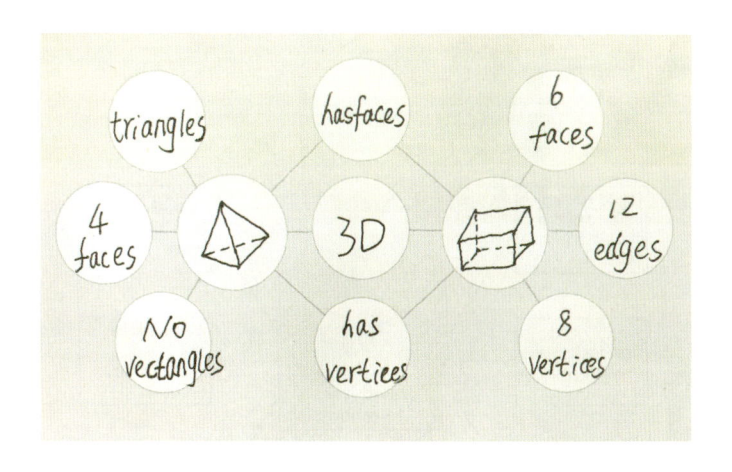

图 1.2-7 用双气泡图比较三棱锥与四方体

这种做法能帮助孩子更好地记住正在学的知识，更重要的是通过不断练习，让他们养成联想比较的习惯，每次碰到新信息新知识的时候，会马上理出它和自己原有知识之间的联系，也就是习惯于把工作记忆里的东西搬到更安全的地方——长期记忆中去。

提高自主学习能力

自主学习是孩子内驱力的体现。其关键是让孩子养成在学习过程中发现问题、分析问题、解决问题的能力，保持好奇心和探索力。怎么才能做到呢？天天做，经常练。学习对孩子来说并不是多么困难的事，而且他还能从中感受到乐趣，这样的状态才能保持长久，养成习惯。

孩子每天接收的知识很多，良好的思考能力能让孩子迅速判断出什么信息对他是有用的，什么是重点，什么是关键，哪些需要记忆，哪些需要做进一步的分析。从而整理、理解这些知识，并在其基础上提出新问题，在发现中得到快乐，在研究中获取更多知识，在探索中提高自主参与的意识和能力。

在各个学科上，思维导图都可以很好地帮孩子做这些梳理和探索。

孩子受益一生的思维力

比如在阅读课上，老师会引导孩子们用 Multi-flow Map（因果图）来做精读训练，帮助孩子深入理解故事的前因后果，理清主要人物的性格特征，让孩子体会到阅读中的乐趣。

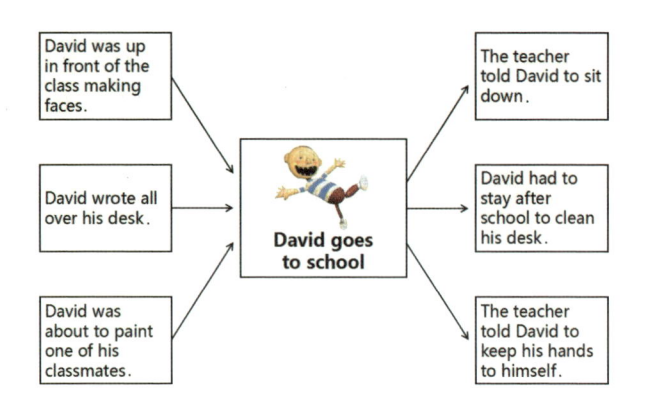

图 1.2-8 用因果图做精读训练

在写作课上，老师引导孩子们用 Brace Map（括号图）来概括怎么写好一封信，理清每一步后，写信不再是一件难事。

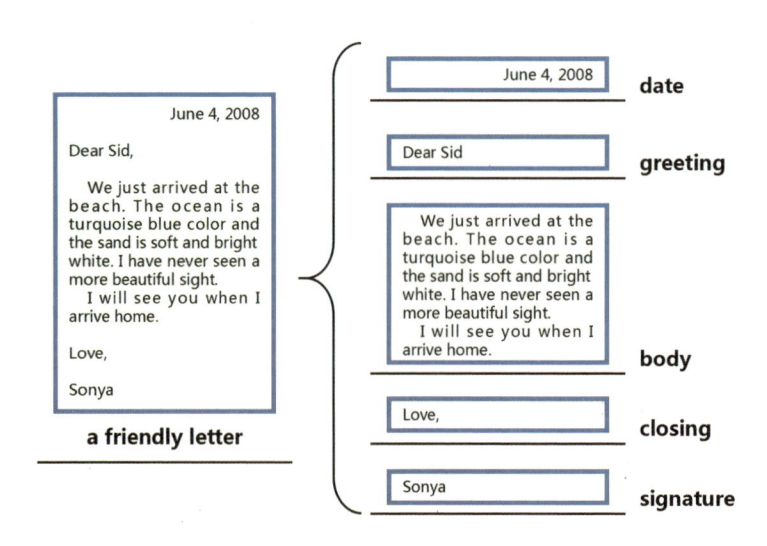

图 1.2-9 用括号图理清写信的思路

在数学课上，用 Tree Map（树形图）来对"加减乘除"四则运算的关键词进行分类记忆，每一则运算所对应的关键词一目了然，在解题时自然更容易理解和运用。

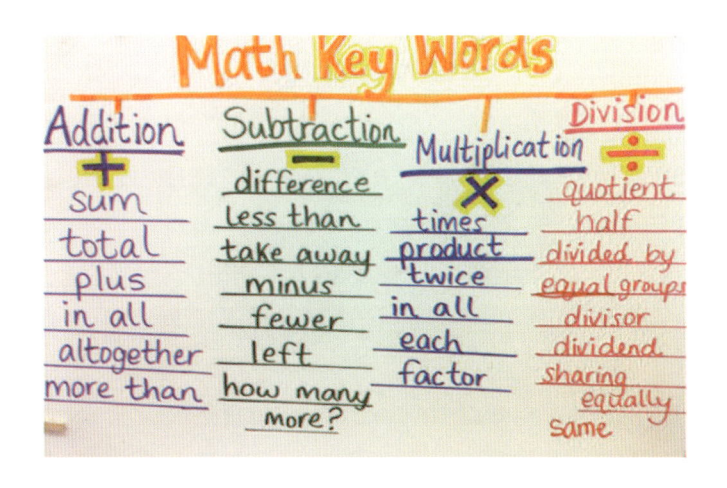

图 1.2-10 用树形图对四则运算的关键词做分类记忆

孩子长期使用思维导图并且非常熟悉之后，每次遇到新知识，也会很自然地使用这些工具来做整理和思考，在这个整理和思考的过程中进一步加深对知识的掌握和理解，这可以让孩子更有自信，也更愿意去接受和探索新的知识，形成一种良性循环和自主学习力。我们通常所说的学霸，就是这样一步一步养成的。

提高面对未来挑战的能力

现代科技的发展越来越快，同样地，教育也需要跟上步伐，因此全球几乎所有的大国都在不断推进教育改革，努力培养下一代。2002 年，美国全国教育协会（NEA）、美国教育部、美国在线时代华纳基金会、苹果电脑公司、微软公司等倡导成立了 21 世纪学习技能联盟（United States-based Partnership for 21st Century Skills），这一联盟确定了未来培养人才的方向，21 世纪学生最重要的四项学习能力，即在美国核心课程里提到的最新的概念 4C[Communication（沟通）、Collaboration（合作）、Critical Thinking（思辨）和 Creativity（创新）]。

图 1.2-11 "4C"能力示意图

有良好的社会交往技能，才能跟别人很好地沟通，既可以把自己的想法明确地告诉别人，也能清楚地领会别人的想法；有良好的团队精神，善于和别人合作，才能很好地领导团队，或者和队友一起创造出 1+1>2 的价值；有良好的推理、思维评价能力，才能让工作更加有效、高效；有丰富的想象和创造力，才有可能推动科技、社会向前发展。

同时拥有这四项能力，才是能够在未来竞争中取胜的人才，这在全球范围内都是一样的。尤其是当我们 Made in China 的商品遍布全球每一个角落时，当我们的人工智能、生物科学等高科技在领跑世界时，咱们这一代孩子也应该相应地具备这种全球视野，有理解全球重要问题并做出行动的能力。而思维导图正是帮助孩子提高这些能力的利器。

沟通表达能力

良好的沟通能力并不是生来就具备的，很多是通过后天的培养和训练才逐渐形成的。

大家印象中美国孩子能说会道、善于表达，也敢于做公众演讲，这和他们长期受到的思维训练有关。想得清晰，自然就能说得流利。美国课堂中老师常常会用思维导图来帮助孩子描述事物，训练表达能力，看起来很简单，但往往有神奇的作用，也许这就是孩子从不爱表达到喜欢表达的分水岭，思维训练能有效打开孩子的话匣子。

比如下面这个基于思维导图树形图的 Can/Have/Are 图，分别对应着三个英文单词，Can（能干什么）、Have（拥有什么）、Are（是什么），非常简单，但却帮孩子解决了几个表达中的大挑战。

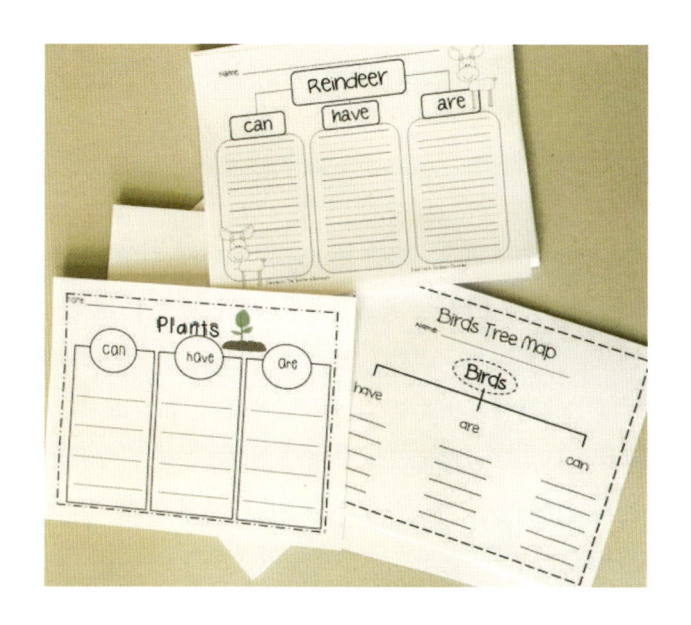

图 1.2-12 基于思维导图树形图的 Can/Have/Are 图

第一个挑战：不知道该讲什么。

老师在使用 Can/Have/Are 图时，会把它做成一张大大的海报贴在教室里，类似我们大人做演讲一样，有个 PPT 对照着总比干讲要感觉踏实些，因为要讲什么都在 PPT 里，不会因为一时紧张而忘掉。

第二个挑战：不知道该怎么讲。

Can/Have/Are 图给了孩子几个分组思考的角度，孩子可以事先做些准备，准备好这几个角度的素材。另外，树形图上三个单词 Can、Have、Are 也是帮助孩子组织句子的关键，能让他们的表达更加流畅。

第三个挑战：不知道怎样才算讲完。

孩子容易发散思维，不是没话可讲，而是有太多话可讲，但是漫无边际地瞎扯，跟主题关系不大。那么，树形图就等于给了他一个界限，让孩子知道，目前只限于跟主题相关的这三个分组，讲完就好了。

思维导图里的八种类型，分别适用于不同的场景，当需要发挥想象力、需要发散思维时可以用对应的圆圈图，当需要条理清晰、逻辑严密时，同样可以选择与之相对应的导图。

合作能力

思维导图除了帮助孩子自己思考之外，还有一个很大的作用是帮助孩子把自己的思考过程清晰地呈现、分享出来。因为思维已经被完整地展示出来，别人非常理解自己的想法，很容易用来说服对方，让对方同意自己的见解，又或者请对方帮忙检查你思维上的漏洞，在此基础上帮你继续深挖和改进。

把思维清晰地表达出来，然后在这个基础上进行讨论、改进，并最终让这个思想能被准确无误地执行，这将让一个团队的合作非常高效，因为合作就是建立在透明、公平的基础上的。

思辨能力

思辨能力，也叫批判性思维，是美国常春藤盟校录取学生时非常看重的能力之一。批判性思维并不等同于标新立异，为了质疑而质疑地钻牛角尖，它的真正含义在于独立思考，不满足于听信一个既成的答案，而是通过自己的分析去寻找能说服自己的答案。

思维导图中的流程图、双气泡图、因果图等，都是帮助孩子分析思考问题的好工具。让孩子养成质疑和求证的习惯，不轻易接受既有结论，而是会进一步调查更完整全面的事实，对问题进行的发展顺序、事物间的对比关系、事件发生的前因后果等进行深入思考，评估问题的深度、广度以及逻辑性，从而得出自己的见解和判断。

创造力

有创造力的人，总能在我们看不到、忽略的角度上，找出惊喜，呈现新意。而这种创造力，在长大的过程中，以及进入社会之后，就是一种实力、一种竞争力。我们常说创造力源自发散思维和想象力，这两样孩子并不缺乏。但他们的思维比较零散，没有系统化，常常是天马行空，既找不到重点也找不到目标，这会让他们渐渐失去发散、想象的兴趣。

思维导图能引导孩子养成系统地、有目标地去发散思维的习惯。八大导图中的圆圈图常常用来引导孩子做发散性思考，比如思考所有和"苹果"有关的事物，画两个圆圈，内部的小圈是限定发散的中心话题，外面的大圈是所有和中心话题有关的事物，既给了孩子充分的思维灵活性，也限制了他思考的目标和范围，让他不会漫无目的地发散。在思考过程中，孩子发现自己能列出那么多和中心话题有关联的事物，自然也很有成就感。

图 1.2-13 用圆圈图做发散性思维示例

孩子受益一生的思维力

　　创造力听起来是个有点儿抽象的词,但它是可训练、可培养的。常常做这样的练习,可以让孩子对自己的发散思考更自信,也更有兴趣。每一个发散都能给孩子打开一个思考事物的新维度,习惯了寻找和探索这种新维度,自然也能激发孩子的创造力。

　　这个世界上没有什么比思考更加虚无,也没有什么比思考更有力量。懂得提问,懂得思考,懂得质疑和论辩,懂得独立表达,懂得寻找解决方案,这些是我们希望孩子能够通过教育系统获得的能力,也是面对快速发展的社会以不变应万变的法宝。只有懂得独立思考,独立探索和表达,才有可能有独立创新的意愿和能力。

　　未来需要的不是"各方面都很优秀,但是没有什么想做的事"的学生,而是"具有创造激情,强烈地想要解决世界问题"的领军者。

　　下面,让我们从每一张思维导图开始,脚踏实地地培养孩子的思考能力,为将来做世界的主人做好准备。

第二章

八大思维导图，让孩子的思考"理得清，看得见"

孩子受益一生的思维力

在本章中，我们将会对八大思维导图进行由易到难的详细讲解。从发散联想开始，逐步引入描述、分类、比较、顺序和类比等概念，以及具体的实践运用示例，这个顺序也正好对应着孩子在成长过程中，大脑和知识认知不断建立新联结的需求。

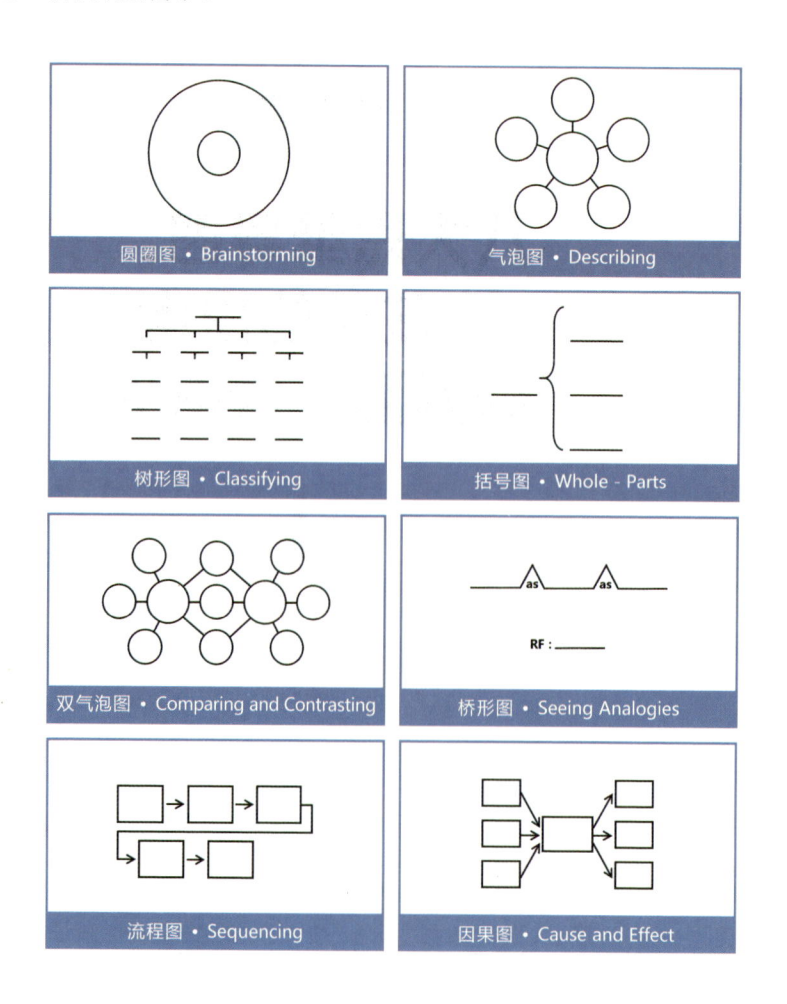

圆圈图 • Brainstorming	气泡图 • Describing
树形图 • Classifying	括号图 • Whole - Parts
双气泡图 • Comparing and Contrasting	桥形图 • Seeing Analogies
流程图 • Sequencing	因果图 • Cause and Effect

26

第二章 八大思维导图，让孩子的思考"理得清，看得见"

左页展示的是思维导图的八种图示。对每个图示，我们将会分以下几部分来进行讲解：

情境导入

从一个实际问题出发，带着这个问题一起寻找更好的思考表达方法，引出表示特定思维类型的图示。

怎么画

当我们使用思维图示来表达这个实际问题的思考过程时，该怎么描画。

思维导图三要素

图示的具体定义以及在什么情况下适合选择这类图示。

应用场景

用多个孩子们熟悉的或美国课堂上的实例，来展示图示的实际应用场景。

知识拓展

家长在指导孩子使用这类图示时需要特别注意的问题和具体的引导方法。

挑战任务

百闻不如一练，几个小任务，马上动手挑战一下！

圆圈图（发散思维）

情境导入

想一想，用四根火柴能拼出哪些汉字和英文字母？

这是一个头脑风暴式的问题，在无限制的自由联想下，家长和孩子能迸发出多少创新想法？家长和孩子之间又是怎么有效地交流自己的想法呢？你肯定想到了，在思考和交流的过程中，把每个想到的点子写下来、画下来啊！听起来很不错，但问题来了，如果孩子根本没有想法，无从下手，或者很快就才思枯竭了怎么办？这时不妨尝试提出下面这些问题来帮助他打开思维、拓宽思路：

- 四根火柴就像汉字里的四个笔画，想一想四笔可以写出哪些汉字？
- 你能找出哪些可以用四笔写出来的英文字母？
- 观察你已经拼出的这些汉字和字母，变换一下笔画，你还能联想到哪些新的汉字或字母？
- 一定要用四根火柴吗？能不能一次只用一根或两根火柴来拼字？你还知道什么不同的拼法？

第二章 八大思维导图，让孩子的思考"理得清，看得见"

这下孩子的思路是不是开阔了许多？可是，新的问题又来了：孩子的思路越来越发散，刚写了个"王"字，他立马就想到了"大王""国王"……把话题越拉越远，完全忘了自己一开始究竟是要干什么。

有没有更好的方法？有，八大图示里的圆圈图，就是一个很棒的头脑风暴利器！

用圆圈图怎么画

当孩子的脑袋中已经有了一些想法，可以按照以下四个步骤，把这些思考结果呈现到思维导图上。

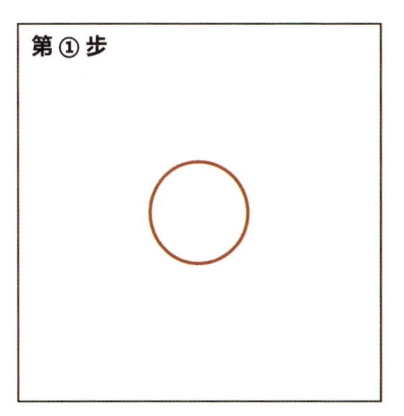

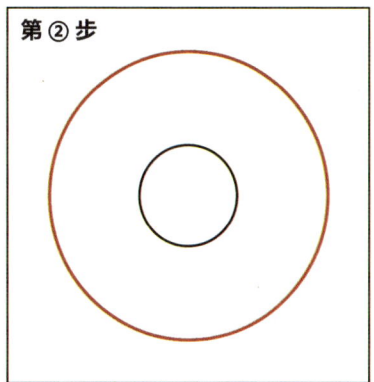

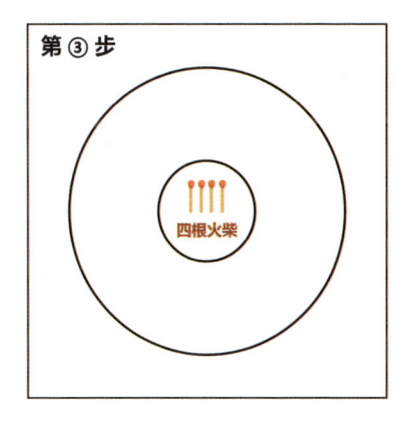

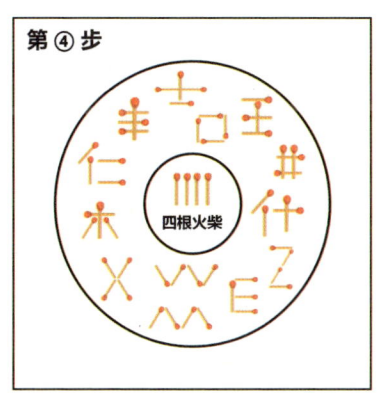

图 2.1-1 圆圈图的画图步骤

第一步：在纸的中心先画出一个小圆圈。

第二步：以小圆圈为中心，再画出一个大圆圈，并且尽可能在大小圆圈之间留出足够多的空白区域。

第三步：在中心的小圆圈内写下或画出我们将要思考、解决的主题，例如：四根火柴。

第四步：在大小圆圈之间的空白区域，写下或画出我们基于这个主题发散联想的结果，例如中文汉字"木""丰"等，英文字母"X""M"等。

至此，一个圆圈图就基本完成了，剩下的就是不断地往大圆圈里添加新的思考结果，让这个问题的解决方案更加丰满。看出来了吗？大圆圈里足够的空白，给了孩子充分的发散思考空间，小圆圈里的中心主题，也时时刻刻在提醒孩子，放飞思维的同时别忘了咱们的目标是使用四根火柴拼出新花样，想法需要满足这个目标条件，可别跑题了哦。

圆圈图三要素

上面我们用圆圈图完成了对"四根火柴的不同拼法"的发散联想。在绘制的过程中，我们从最开始的几个零星想法，逐渐引发出别的联想，相继产生一连串的创造性思考结果，为这个开放式问题找到了更多的答案。

但是，为什么解决四根火柴拼字的问题，我们要用到圆圈图，而不选择我们在后面将要讲到的气泡图、树形图等其他几种思维导图呢？换言之，我们如何知道，在面对某一问题时，应该选择哪个思维导图呢？要解决这个选择疑惑，首先需要了解圆圈图的三要素。

要素一　定义

圆圈图的定义是，可视化地表示联想和定义（Brainstorming and Defining）的发散思维过程。

第二章 八大思维导图，让孩子的思考"理得清，看得见"

根据情景导入的例子及圆圈图的定义，我们可以感知到，圆圈图能帮助孩子拓展思考问题的角度，培养发散联想能力。同时，在接下来更多的应用场景中我们能了解到，圆圈图还能帮助孩子回忆学过的知识，来定义一个事物或者概念。

熟悉定义的好处就是知道这个工具有什么作用，以后遇到这类问题就直接找这个工具。比如当我们遇到一个发散类问题"秋天能让你想到什么"，或者是一个定义类问题"请你说一说什么是兴趣"，这时候选择圆圈图就对了。

这对成年人来说比较容易理解，但孩子仅仅知道定义还不够。

当孩子面对某一问题时，要想他能够快速判断该用哪个思维导图来帮助思考，还有一个重要的前提：家长需要有意识地提出含有特定思维关键词的引导问题。经过反复练习，孩子能够感知到，这些问题里的关键词就是某种信号，指示他去选择特定的思维导图。选择了对的导图，孩子就可以更快、更好地解决问题。所以接下来，我们还要了解三要素中的另外两点——"思维关键词"和"引导问题"。

要素二　思维关键词

圆圈图的思维关键词有两类。一类指向发散联想，用于头脑风暴，比如联想、想一想、知道、找出等。另一类指向定义，对某一概念下定义，有理有据地说出自己的理解，比如定义、解释、说说（说一下）等。

Brainstorm：
- 联想、想一想
- 知道、找出

Define, Tell about：
- 定义　●解释
- 说说／说一下

对某一个话题做联想：
关于×××你想到什么？

对某一个概念做定义：
说一下，这个×××是什么？

图 2.1-2　圆圈图的思维关键词

要素三　引导问题

使用圆圈图的思维关键词，在对某一个话题做联想，或对某一个概念做定义的时候，就可以提出特定的引导问题。例如，在引导孩子对圆形做联想时，可以这样来提问：关于圆形，你联想到了什么？你能找出生活中哪些东西是圆形的吗？而在引导孩子对圆形做定义时，可以这样来提问：你可以解释一下，圆形是什么吗？你会怎样来定义圆形呢？

回过头，复盘我们在前面"情境导入"例子中提到的几个引导问题，看看它们是否包含了符合"联想和定义"的这类思维关键词。

- 四根火柴就像汉字里的四个笔画，想一想四笔可以写出哪些汉字？
- 你能找出哪些可以用四笔写出来的英文字母？
- 观察你已经拼出的这些汉字和字母，变换一下笔画，你还能联想到哪些新的汉字或字母？
- 一定要用四根火柴吗？能不能一次只用一根或两根火柴来拼字？你还知道什么不同的拼法？

发现了吗？引导问题中包含的思维关键词就像指南针一般，能引导孩子打开思路，进行多角度的发散思考。

应用场景

现在，我们已经了解了圆圈图的三要素，解决了如何选择思维导图的问题。尝试想一下，在以下三个场景中，你应该怎样引导孩子使用圆圈图思考问题的解决方案呢？

场景一　孩子即将从幼儿园升入小学了，在幼升小的面试环节，老师通常会要求每个人来做一下自我介绍。这时候，孩子该如何打开思路，准备一段内容丰富的自我介绍,把自己全面地展示出来呢?

自我介绍,是用圆圈图做发散联想的一种典型应用。家长可以参考以下几个思考角度,来引导孩子完成这个自我介绍圆圈图。

首先,可以介绍一下你的基本信息。例如:你的名字叫什么?是男孩还是女孩?今年几岁?其次,你可以介绍一下自己的外貌特点。例如:你是长发还是短发?有酒窝吗?眼睛大不大?接下来,你还可以再来想一想自己的性格特点。例如:你爱笑吗?还是比较腼腆?最后,你可以讲一下自己的兴趣爱好有哪些。例如:爱打篮球、喜欢阅读、喜欢小动物等。

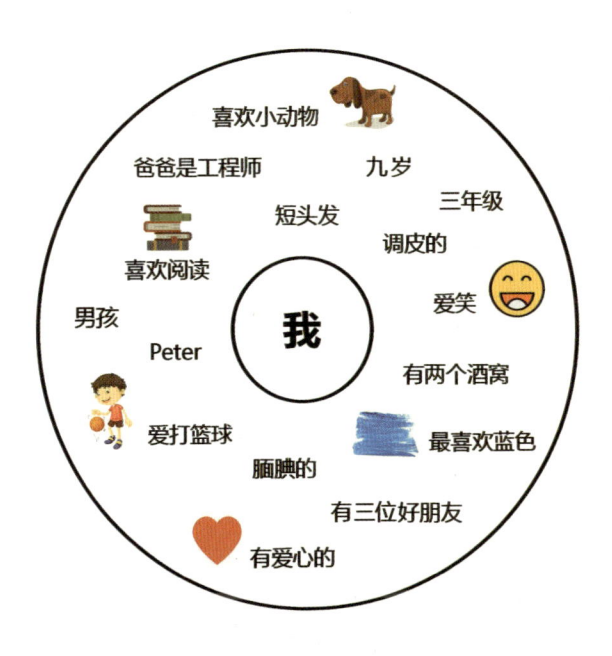

图 2.1-3 自我介绍圆圈图参考图例

从这四个角度进行发散联想后,可以画出图 2.1-3 这样内容丰富的圆圈图。有了这些素材,相信孩子做起自我介绍既能侃侃而谈,又不会离题千里,因为中间小圈圈里的"我",时时刻刻都在提醒他,现在要做的是"自我介绍",可不要谈到自己有三位好朋友之后就开始跑题,一股脑地介绍他们的"英雄事迹"去了。

孩子受益一生的思维力

场景二 我们在家给孩子做英语启蒙的时候，常常会一起阅读绘本，或是通过"磨耳朵"的方式，让孩子听大量的歌谣、看动画片来培养语感。在此基础上，我们也希望孩子能记忆更多单词，增加词汇量。有没有什么有趣的游戏方式可以帮助孩子记忆单词呢？

圆圈图可以帮助孩子通过发散联想的方式来记忆单词。以图 2.1-4 为例，家长可以给孩子提出这样一个问题：以字母 M 开头的单词，你能想到哪些？孩子可能会从自己最熟悉的单词开始说起，比如首先想到妈妈（mommy）、我（me）等。这时候，家长可以进一步提醒孩子去回忆读过的绘本，找找以字母"M"开头的动物单词有哪些，他可能又会发现例如猴子（monkey）、老鼠（mouse）、麋鹿（moose）等。如果孩子不太记得绘本里的单词，家长可以鼓励孩子再次去翻阅绘本，查找和确认记不清楚的动物单词。除了对绘本进行联想，家长还可以用孩子熟悉的音乐、动画等为线索引导孩子展开联想，甚至根据家里的物品来搜索寻找，比如牛奶（milk）、杯子（mug）……再试着去翻一翻冰箱，里面有没有蘑菇（mushroom）？这样的游戏可以让孩子边想边画，不但能联想记忆已经认识的单词，同时也是一个学习新单词的好方法。

图 2.1-4 "M 开头的单词"圆圈图参考图例

第二章　八大思维导图，让孩子的思考"理得清，看得见"

类似的场景，转换到中文环境里，家长也可以试着用圆圈图来教孩子认字，例如：找一找带"氵"的字有哪些？哪些字是"土"字旁的？或者是让孩子想一想 AABB 形式（漂漂亮亮、磨磨蹭蹭……）的词语有哪些？圆圈图的图示特点是大面积的留白，给孩子腾出了广阔的思考空间，激发孩子对中心主题进行 360°的全方位思考。

场景三　给孩子读绘本《金老爷买钟》，它讲述了这样一个故事：金老爷为了校准阁楼里一座钟的时间，在商店里买了四座钟，分别放在厨房、阁楼、门厅和卧室里，他跑过来跑过去地调整，却发现它们的时间总是不一样。金老爷很苦恼，请了钟表师傅来检验，结果却是每一座钟都很准。孩子解开这道关于时间的谜题后，知道了时间的特点——每一分每一秒都在流逝。以这个故事为引子，我们不妨让孩子试着深度思考一下："什么是时间？你可以对时间下定义吗？"这也是一个引导孩子"把薄书读厚"的好机会。

从小到大，我们接收到的绝大多数"定义"都来自书本里的既定内容，前人已经总结、归纳出来了，后人只需要去背诵、记忆即可。一旦形成了这样固化的思维模式，当面对一个新概念时，孩子就很少会主动思考——"我能不能对一个事物或概念做出自己的定义呢？"家长也难免会认为，让孩子对一个抽象概念下定义，似乎是一个很高深的难题。其实不然，圆圈图就可以很好地帮助孩子独立去思考、定义一个概念。

我们来尝试一下，如何使用圆圈图对"时间"做个定义。

我们把一个圆圈图划分为四个象限，顺时针来看。

第一象限是图例解释——你能用图例，或者从生活中找到一些具体的事物，来表示这个概念吗？例如"钟表"就是我们常常用来表示"时间"的一个物体。在第二象限里，你需要举出几个能够说明这个概念的例子，例如钟表上的小时、分钟、秒可以表示时间，平时说的年、月、日也可以表示时间。到了第三象限，你需要为这个概念提供一些错误的示例，你认为哪些东西是不属于"时间"的？例如厘米和毫升跟时间就不存在任何关联。根据前面三点思考，你找到了"时间"

35

的具象是什么，也能够判断出哪些东西属于"时间"，哪些东西不属于"时间"。那么现在，你能够对"时间"做出一个定义了吗？这就是思考的最终结果，在圆圈图的第四象限里，对这一概念做出定义。例如，时间是一种连续不断的变化，代表着过去、现在和将来。结合四个象限的内容，我们也就给时间做出了定义。

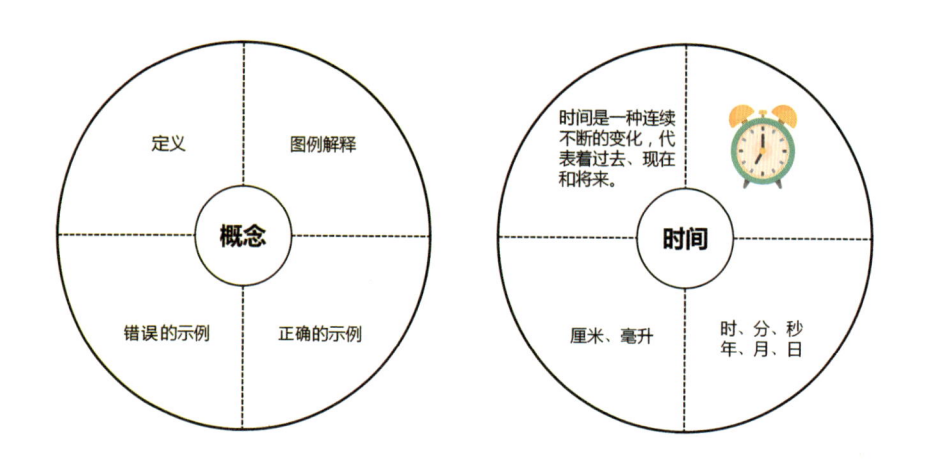

图 2.1-5 如何用圆圈图来做定义

画这样一个圆圈图，孩子需要独立去搜寻信息、进行批判性思考，最后根据自己的理解，对一个抽象概念做出定义和解释。这会为他将来独立解决实际问题打下非常好的基础。

知识拓展

圆圈图用于发散联想，但孩子在画圆圈图的时候，往往容易在找到一个思考方向后就难以脱离出来，陷入了单向思考模式，其实这样并不符合圆圈图鼓励多角度发散思考的特征。这时，家长的引导尤其关键，及时给孩子提出新的思考角度和方向，才能全方位地训练孩子的发散联想能力。

举个例子，如果我们问孩子这样一个问题："看到圆圈，你想到了什么？"

孩子很容易从"圆"这个形状开始进行联想，想到了篮球、甜甜圈、硬币、纽扣、太阳、时钟等。毫无疑问，从形状这个方向上我们可以联想出很多东西，但这样的思考显然还不够发散，家长需要给孩子提出新的思考方向，例如：圆圈看起来像不像一个盘子？在生活中，圆圈有哪些特别的作用？这样就引导孩子从圆圈的功能上去思考，联想到盘子、碗、篮筐、水杯、帽子等。此外，从运动轨迹上思考，圆圈还可以表示一个无限循环的过程。从寓意上想，圆圈还象征着团圆、圆满……

所以，孩子在画圆圈图时，不仅需要联想，还要注意发散思考的广度和深度。而在发散思考的过程中，孩子尤其需要家长的引导和示范，帮助他寻找新的角度和方向，激发大脑进行全方位的思考，避免陷入单向思考的模式。

挑战任务

到这里，你已经了解了圆圈图的三要素，也明白了圆圈图的应用场景有哪些。现在到了实际操作的阶段，不如尝试着从以下四个挑战任务中挑选出感兴趣的话题，来引导孩子画图思考吧！

任务一 你最喜欢的数字是什么？从这个数字，你能联想到哪些东西呢？请画一个圆圈图，将你的联想都展示出来。

任务二 随着科技的迅猛发展，同学们提交作业的方式也变得更加多样化，除了常见的纸质作业本，还可以通过电脑来在线完成和提交。你能想象出二十年后的作业本是什么样的吗？请你使用圆圈图，大胆地进行联想吧。

任务三 我们生活的每一天都被爱包围着，这份爱可能来自家人，也可能来自朋友，甚至来自偶遇的一位路人。在你心里，爱是什么？你能画一个圆圈图，给"爱"做出定义吗？

任务四 如果有外国朋友来到你居住的城市旅游，你会怎么向他介绍这座城市呢？用圆圈图来帮助你思考吧！

气泡图（描述思维）

情境导入

> 榴莲是著名的热带水果之一，因其含有丰富的营养价值而被誉为"水果之王"，你平时留意过这种特别的水果吗？它有哪些特点呢？

回答这个问题，需要孩子有细致的观察能力和语言表达能力。让孩子描述榴莲，他可能很快就会想到，榴莲的外表是有刺的，味道很臭或很香。但如果要再深入一层去思考，就会感觉到有点吃力，出现"词穷"的状况。这个时候，作为家长，你会如何引导孩子，来帮助他全方位地认识，并且能生动形象地描述出一颗榴莲呢？

在引出适合的图示之前，咱们先来认识一种非常实用的观察、描述事物的方法——"五感观察法"。

"五感观察法"是观察、描述事物的五个基本角度，通过调用身体的五个感官去感知事物的特征：用眼去看，用手去摸，用嘴巴去尝，用鼻子去闻，用耳朵去听。下面我们就结合榴莲这种水果，来看看"五感观察法"具体可以怎么来帮助孩子做全面的观察和描述。

第二章 八大思维导图，让孩子的思考"理得清，看得见"

图 2.2-1 "五感观察法"示意图

根据"五感观察法"中的五个感官，我们给孩子提出引导问题时，可以参考以下五个思考角度：

● 眼睛：（榴莲）看起来是什么样子？

眼睛看到的是物体的形状、颜色、大小等。观察一下榴莲的外表，可以得出这些结果：榴莲表皮有尖尖的刺；未成熟的榴莲外壳是青绿色的，成熟后就变成了棕黄色；榴莲的形状是不规则的，有一瓣一瓣的凸起。如果把榴莲切开，会发现里面的果肉是黄色的，并且榴莲壳里还有白色的瓤。

● 鼻子：（榴莲）闻起来有什么气味？

调动一下嗅觉器官，把鼻子凑近榴莲闻一下，不同的人会有不一样的感觉。有的人认为榴莲闻起来臭烘烘的，避之不及；有的人认为榴莲闻起来很香甜，令人垂涎欲滴。

● 手：（榴莲）摸起来有什么感觉？

触觉能够让我们感知到一个物体的质感、温度、湿度等。伸手去摸一下榴莲的外壳，会感觉到很硬，而且非常扎手，因为它浑身都长着尖刺。那榴莲的果肉摸起来有什么感觉呢？全熟的榴莲，果肉摸起来有点粘手；七分熟左右的榴莲，

39

果肉摸起来会干爽一些。

- 嘴巴：（榴莲）尝起来是什么味道？

描述水果自然少不了味道，成熟的榴莲尝起来既软糯又香甜，而生一些的榴莲尝起来是涩口的。如果是过熟的榴莲，会有苦的味道。

- 耳朵：（榴莲）有声音吗？听起来是怎么样的？

我们可以听到闹钟的响铃声、水流的哗哗声、动物的叫声等，水果也能发出声音吗？当孩子出现这样的疑问时，家长可以引导孩子通过拍、敲、摇等其他外力因素来描述水果的声音。例如用木棒拍一下榴莲，会听到类似"卜卜"的闷响。如果摇一下成熟的榴莲，会听到里面果肉摇动、脱落的声音。另外，在榴莲表皮划几道口子，把它掰开的时候，也会听到"咔嚓"的开裂声。

用气泡图怎么画

通过使用"五感观察法"，我们已经把榴莲从里到外、仔仔细细地观察了一遍，收获了不少想法。但是，怎么把这些思考结果呈现到思维导图上，让别人知道这些都是榴莲的特点呢？让我们跟随以下四个步骤，一起来画一个气泡图吧。

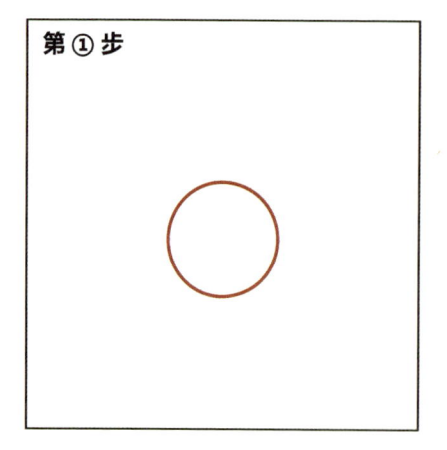

第①步

第②步 榴莲

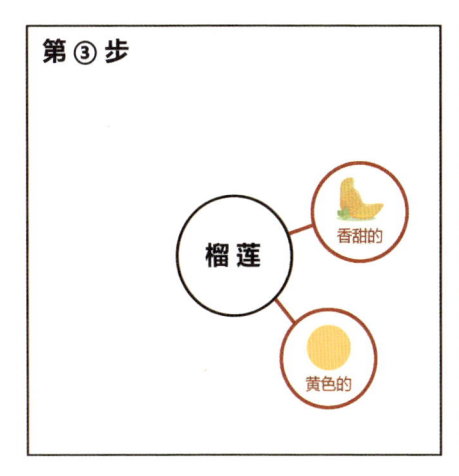

第二章 八大思维导图，让孩子的思考"理得清，看得见"

图 2.2-2 气泡图的画图步骤

第一步：在纸的中心先画出一个大气泡。

第二步：在大气泡内写上要描述的中心主题，例如：榴莲。

第三步：在大气泡的周围画出小气泡，写下对中心主题的特征描述，并用线连接到大气泡上。

第四步：尽可能从多个不同角度来描述中心主题。

这样，一个描述榴莲的气泡图就基本完成了。不过，"五感观察法"只是给孩子提供了五个描绘事物的基本角度和方法，除此之外，还可以从其他角度来思考，添加新的小气泡，让榴莲这种水果的形象变得更加具体有感。

气泡图的好处你看出来了吗？中心大气泡周围大量的空白给了孩子充分的发挥空间，可以随时增加很多小气泡，而每一个小气泡通过线条跟大气泡相连，表示所有的信息都跟中间的大气泡——榴莲有关联，都是用来描述榴莲特点、特性的词语，而且，每次描画这根连线的同时，也能让孩子对他新想到的点子再次做确认——我们要描述的对象是榴莲，如果把描述苹果、香蕉特点的词语写进去的话，可就跑题啦。

41

气泡图三要素

要素一 定义

气泡图的定义是，可视化地表示描述事物特征（Describing）的思维过程。

根据情景导入的例子及气泡图的定义，我们可以知道，气泡图能帮助孩子观察、了解某一事物的特征。同时，气泡图也能帮助孩子积累描述性的词汇，训练语言表达能力。

很多家长习惯性地把"描述类"思维当作孩子在大量阅读、习作后能自然形成的技能，因而缺乏有意识的训练。小孩子们学习语言就是从名词开始的，通常会知道这个叫什么名字，那个是什么东西，却不太容易积累起丰富的描述性的词语和句子。通过气泡图来"画"出描述思维的过程，看似简单，却能实实在在地帮助孩子积累描述类的好词好句，提高口头表达的生动程度，以及书面写作水平。

既然描述能力这么重要，那孩子在遇到某个问题时，他的大脑怎样才能快速做出反应，知道现在需要使用气泡图来帮助思考呢？这就离不开气泡图三要素中的另外两点——"思维关键词"和"引导问题"。

要素二 思维关键词

气泡图的思维关键词有两类。一类是动词，例如描述、评价；另一类是名词，例如特点、特征。

Describe, Comment, Perceive：
- 描述
- 评价
- 感觉

你会如何描述、评价这个人物/地方/事物？

Characteristics, Quality：
- 特点
- 特征
- 特别之处

你觉得这个人物/地方/事物有什么特点、特征、特别之处？

图 2.2-3 气泡图的思维关键词

第二章 八大思维导图，让孩子的思考"理得清，看得见"

要素三　引导问题

当你想让孩子描述某一事物时，使用气泡图思维关键词，就可以提出气泡图的引导问题。例如，在引导孩子对"天气"做描述时，可以这样来提问：你会如何描述今天的天气？你觉得夏天的天气有什么特别之处呢？

这些问题都能给孩子一个信号：嗯，现在我需要描述事物的特征，最适合帮助我思考的是哪种图呢？根据气泡图的定义和功能，它很快就会被锁定了。

应用场景

现在，我们已经了解了气泡图的三要素，解决了在什么情况下可以选择气泡图的问题。那么就来尝试看看，在下面两个场景中，你知道应该怎样引导孩子用气泡图解决问题吗？

场景一　语文课上，老师给大家布置了一篇小作文，题目是"我最敬佩的一个人"，人物描写可以从哪些方面去思考？怎样才能把自己最敬佩的人描写得既生动又形象呢？

写人是小学语文作文中的一个重要主题。孩子在写作文的时候常常很苦恼，不知道该从哪里入手，无话可写。在人物描写的时候，我们也可以借助"五感观察法"来启发孩子进行观察。

首先，用眼睛去观察一下你最敬佩的人，他的外貌特点有哪些？五官大小、头发长短、高矮胖瘦，哪些是属于他的特点？其次，"五感"里的嘴巴可以对应人物描绘中的语言描写，他是健谈还是安静，是幽默还是严肃？这一点也能体现出人物的性格特征。最后，"五感"里的手可以对应人物描绘中的动作描写，既然是最敬佩的人，那他具有哪些擅长的本领？或者，他曾经做过什么令你敬佩的事情？这些都可以成为作文的素材。

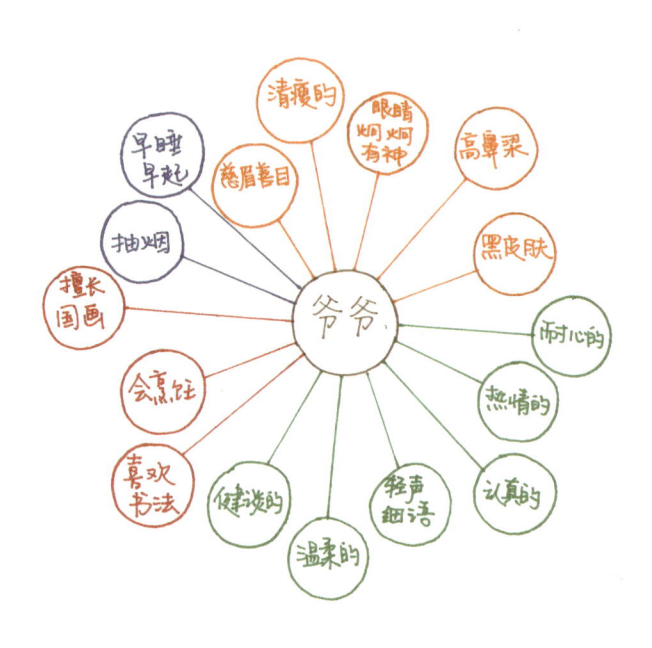

图 2.2-4 "我最敬佩的人"气泡图参考图例

从这四个角度进行观察描述后，可以画出图 2.2-4 这样一个内容丰富的气泡图。根据这些特征描述的要点，相信孩子在写作时也就有了方向。学会观察是写好作文的前提，无论是人物描写还是景物描写，都需要通过细致的观察来记录事物的特征、特性，而气泡图就是帮助孩子训练观察能力、培养描述思维的实用工具。

场景二　在生活中，每一天的天气都在变换，不同地方的四季也有着不同的风貌。天气是什么？你留意过天气的变化吗？在写作的时候，你最常用到的描述天气的词句是什么？

在引导低龄孩子认识天气、描述天气时，家长可以从当下的天气情况引入，让孩子说一说今天的天气怎么样，晴朗、多云，还是下雨？接着，可以按春、夏、秋、冬四个季节来依次引导孩子描述，不同季节的天气各自有什么特点。春天是温暖的、有微风的；夏天是炎热的、有雷雨的；秋天是凉爽的；冬天是会下雪的、

第二章　八大思维导图，让孩子的思考"理得清，看得见"

寒冷的。如果家长能找到一些与四季变换相关的图片或视频，给孩子作为思考引子就更好了。

低龄孩子习惯于图像思维，一些可视化的内容更能帮助他理解和表达。例如在图2.2-5中，孩子用红色来表示炎热的天气，用蓝色来表示下雨的、下雪的天气，用灰色来表示多云的天气，而寒冷的天气用向下的箭头加上"℃"表示温度低。

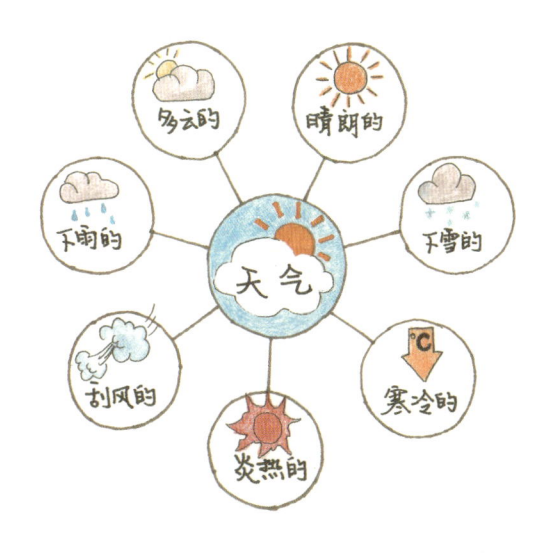

图2.2-5 低龄孩子描述"天气"的气泡图参考图例

同样是描述天气，对学龄孩子，家长可以适当提高思考的难度，让他用四字成语来描述一年四季的不同天气，例如风和日丽、秋高气爽、烈日炎炎、电闪雷鸣、寒风刺骨等。相比口语化的表达，如炎热的、寒冷的，成语表达更加书面化，更富有意境和内涵。孩子积累起这些关于天气的成语后就可以将它们应用到写作中，让作文看起来既生动又简洁。

45

孩子受益一生的思维力

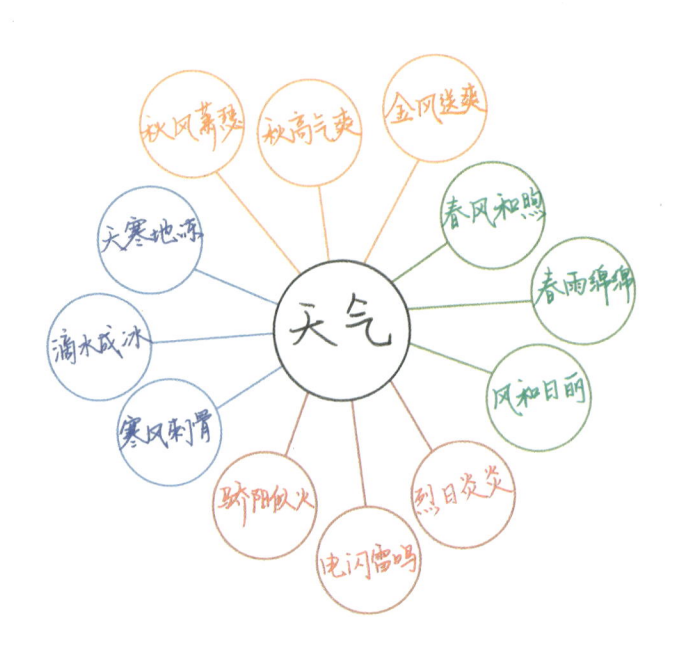

图 2.2-6 学龄孩子描述"天气"的气泡图参考图例

场景三 在许多家庭里，亲子绘本阅读已经成为家长和孩子的日常。有的家长发现，自己的孩子喜欢重复阅读同一本绘本，对其他类型的绘本都置之不理。于是，家长难免会感到着急：孩子总是读同一本绘本，阅读面不够广，怎么办？

阅读任何一本书籍，都有两种方式：泛读和精读。如果孩子偏爱读同一本绘本，家长不妨换一种思考角度，顺势引导孩子对他喜欢的绘本进行精读，通过反复思考琢磨来透彻理解绘本，最大限度地发挥绘本的价值。

英文绘本 Tacky the Penguin（《聪明的企鹅》）讲述了一只叫作 Tacky 的企鹅，它相貌丑陋、举止怪异，同伴们总是觉得它很讨厌。直到有一天猎人突袭，Tacky 用自己的怪异行为救了大家后，企鹅同伴们才对它另眼相看。

阅读之后，我们就可以用气泡图来对 Tacky 这一角色进行观察、猜测和分析，帮助孩子对绘本角色进行解读和评价。在精读过程中，我们将会使用五个气泡图，从不同角度来描述 Tacky 的特征，从而获得对故事的深刻理解。

Tacky 有哪些特点呢？对于二、三年级的孩子而言，泛读这个故事一到两遍之后，就能归纳出 Tacky 的三个特点：长得丑、不像企鹅、勇敢。但是，如果只读到这里，孩子对故事的理解程度只达到了 40%，要想读出剩余的 60%，还需要家长进行更多的引导。

家长可以继续提出问题：站在 Tacky 的角度，它会怎样来描述它自己？如果仅从绘本文字内容上找，其实找不到很多现成的形容词，但细心读书的孩子会发现一些侧面描写，比如在听到猎人到来的脚步声后，Tacky 没有东躲西窜，而是静静地留在原地。这一处描写就反映出了 Tacky 沉着、镇定的特点，所以，我们画出了第二个气泡图，Tacky 眼中的自己有哪些特点？

故事情节发生了转变，凶残的猎人带着绳索和铁笼，唱着"我们要抓住漂亮的企鹅，我们要把它们卖了，然后我们就有钱啦"的歌儿的猎人到来之后，又给了我们一个全新的视角——在猎人的眼里，Tacky 有什么特点呢？其他企鹅因为猎人的到来感到非常害怕，都到

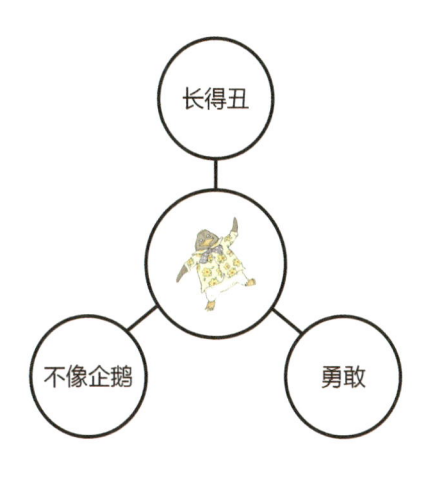

图 2.2-7 "书中描写的 Tacky"
气泡图参考图例

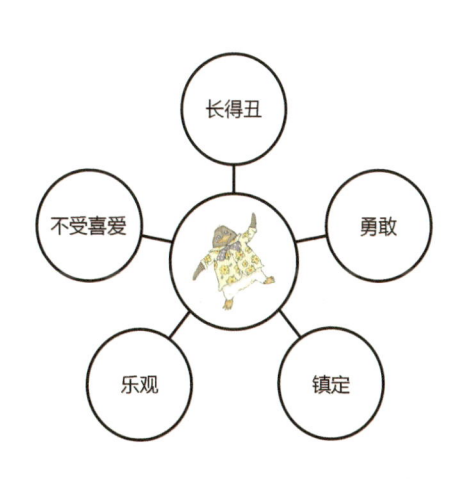

图 2.2-8 "Tacky 眼中的自己"
气泡图参考图例

冰山后面藏起来了。这时，Tacky 用自己笨拙的动作、刺耳的歌声来捉弄猎人，让猎人以为这里不会有他们想象中的举止优雅的企鹅，最后成功把猎人吓跑了。根据 Tacky 在猎人面前一连串的动作描写，我们画出了第三个气泡图，在猎人的眼中，Tacky 的特点是什么？

图 2.2-9 "猎人眼中的 Tacky" 气泡图参考图例

在故事的最后，Tacky 和它的企鹅同伴们合力赶走了猎人，同伴们紧紧地拥抱了 Tacky，觉得它是世界上最可爱的企鹅。不过，在猎人到来之前，企鹅同伴们对 Tacky 的看法可是迥然不同的，大家认为 Tacky 不仅长得丑陋，而且呆头呆脑的，唱歌也很难听。而猎人到来之后，因为 Tacky 勇敢地救了大家，同伴们开始用欣赏的眼光去评价 Tacky，"英雄"成了 Tacky 的一个新标签。根据企鹅同伴在猎人到来前后的变化，我们又画出了两个气泡图，对比这两个气泡图，让孩子去思考分析这一变化背后的原因。

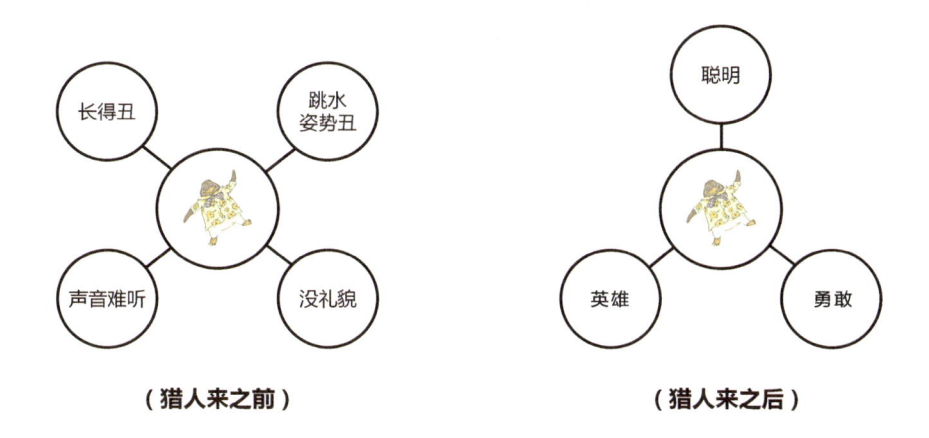

第二章 八大思维导图，让孩子的思考"理得清，看得见"

（猎人来之前）

长得丑　跳水姿势丑　声音难听　没礼貌

（猎人来之后）

聪明　英雄　勇敢

图 2.2-10 "猎人到来前后，同伴怎样看待 Tacky"气泡图参考图例

绘本 Tacky the Penguin（《聪明的企鹅》）用到了叙事记人的方法，通过对人和事物的具体描绘，以及事件的发展变化过程，启发孩子去把握人物特点的变化，深层次地思考事物的本质。这种"叙事记人"的描述方法，也是美国老师对 K12（从幼儿园到高中 12 年级，大学之前的整个基础教育阶段）写作的一个要求。

挑战任务

到这里，你已经了解了气泡图的三要素，也明白了气泡图的一些应用场景。现在到了实际操作的阶段，不如尝试着从以下四个挑战任务中挑选出感兴趣的话题，来引导孩子画图思考吧！

任务一 我们已经学会了使用"五感观察法"，那么你可以用同样的方法来描述你最喜欢的一种水果吗？观察结束后，请画一个气泡图，将你想到的特征都记录下来。

任务二 你喜欢大海吗？你觉得大海有哪些特点？利用气泡图把你的想法都描述出来吧！

孩子受益一生的思维力

任务三 回忆一下你的旅游经历，其中令你印象最深刻的地标建筑是什么？它有哪些特点？你会如何形容它？用上气泡图来帮助你思考吧！

任务四 来玩一个叫"我说你猜"的小游戏，你来选定一个事物，通过描述它的特别之处，看看哪个小伙伴会最先猜出来。

圆圈图和气泡图的功能看起来有些类似，是很容易混淆的两种图，具体怎么区分？先不着急，咱们在第三章将会有很详细的讲解说明。

括号图（整分思维）

情境导入

> 冬天到了，外面积了厚厚的一层雪。你想不想出去堆一个可爱的雪人呢？

　　这是一个实践活动类的问题，堆雪人的方法各式各样，不过在堆雪人之前，孩子首先要明确雪人是由哪几个部分构成的。了解这一点之后，才知道该如何堆雪人，需要哪些工具、材料。作为家长，在孩子思考的过程中，你会给他提出哪些问题来帮助他了解雪人的组成部分呢？除此之外，为了让活动高效地进行，还要注意哪些具体事项？不如尝试提出以下问题吧：

- 一个完整的雪人是由哪几个部分组成的呢？
- 我们加上哪些装饰可以让雪人看起来更加漂亮呢？
- 现在我们知道了，雪人是由这几个部分组成的，用什么工具能更快更好地把雪人堆起来呢？

用括号图怎么画

　　通过思考这些问题，我们梳理出了需要准备的材料和工具：

孩子受益一生的思维力

一个大雪球作为雪人的身体,一个小雪球作为雪人的头。

两颗小石子当作雪人的眼睛。

一根胡萝卜当它的尖鼻子。

七颗纽扣可以拼出雪人笑得弯弯的嘴巴。

两根树枝当它的手臂。

最后还要准备一些装饰品:给雪人戴上一个领结,三颗大石子当作他衣服的纽扣,还有一个小桶,既可以装雪又能当作雪人的帽子,一举两得。那么,想到的这些材料和工具应该怎样呈现到思维导图上,让别人一眼就能看懂你打算堆一个什么样的雪人呢?跟着以下四个步骤,一起来画一下吧。

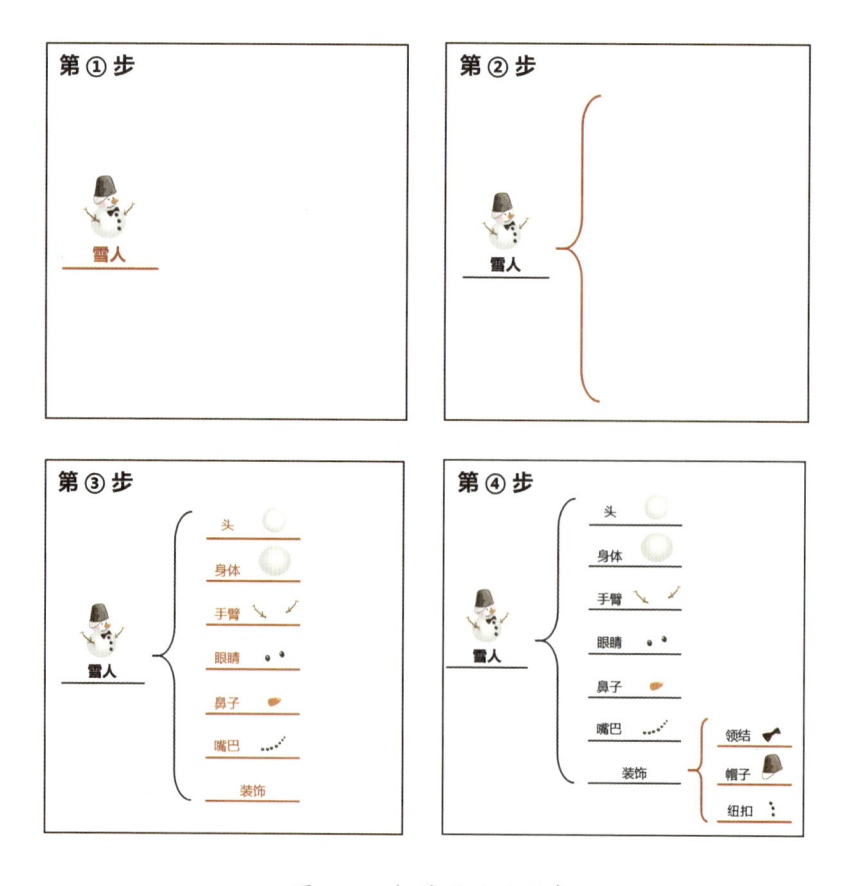

图 2.3-1 括号图的画图步骤

第一步：在纸的左侧画出横线，写出我们要拆分的整体，例如：雪人。

第二步：在整体的右侧，画出大括号。

第三步：在大括号的右侧，写出组成部分，并在下面画出横线。一条横线对应一个组成部分。例如：雪人的眼睛、鼻子、嘴巴等。

第四步：如果还想对某一个组成部分进行细分，那么可以在它的右侧继续添加大括号，向右侧延伸分级。但需要注意，画多层级括号图时，每个层级的划分要合理恰当。

到这里，一个跟堆雪人有关的括号图就画完了。括号图的用处大家看出来了吗？一个大括号就可以把复杂的拆分关系形象地表示出来，我们一眼就能看出左边是一个完整的事物，右边是它所有的组成部分。这种可视化效果对孩子来说简单易懂，让孩子能一下子就抓住整体与部分的关系。而大括号除了表示拆分，它凸出的小尖角也在提醒着孩子，我们要拆分的对象是雪人，所以写出的每一个组成部分都应该来自这个雪人，如果把其他不相关的信息写进去，那么对堆雪人前的准备活动就没有实际帮助啦。

括号图三要素

要素一　定义

括号图的定义是，可视化地表示"整体—部分"之间关系（Whole – Parts）的思维过程。

根据情景导入的例子及括号图的定义，我们知道，括号图能帮助孩子理解一个整体事物由多个组成部分构成的关系，然后再进一步认识各个组成部分叫什么，有什么作用。括号图还可以让孩子意识到，多个组成部分可以通过不同的方式连接起来，构成一个整体。整体和部分是不可分割的，所以我们在关注事物整体的同时，也要关注整体的组成部分及其组成结构，这样才能全面、客观地认识事物。

要素二　思维关键词

括号图的思维关键词有两类。一类是动词，例如组成、构成；另一类是名词，例如整体、部分。

Consist of：
- 组成　● 构成　　　　×××是怎么构成的？

Whole, Part of：
- 整体　● 部分　　　　这个×××包括哪些部分？
- 项

图 2.3-2 括号图的思维关键词

要素三　引导问题

当孩子需要认识理解一个新事物，或者对某一项活动做任务分解时，可以使用括号图思维关键词来提出括号图的引导问题。例如，在引导孩子认识彩虹时，可以这样来提问：你知道彩虹是由多少种颜色组成的吗？

引导问题能给孩子一个信号：嗯，现在我需要分解某个东西，最适合帮助我思考的是哪种图呢？根据括号图的定义和它所具有的特性，孩子很快就能反应过来，现在该派括号图上场了。

应用场景

现在，我们已经了解了括号图的三要素，知道了在什么情况下可以选择用括号图。那么就来尝试看看，在下面的三个场景中，应该怎样引导孩子用括号图解决问题。

第二章 八大思维导图，让孩子的思考"理得清，看得见"

场景一 共享单车的出现，给短途出行带来了极大的便利。骑共享单车既能锻炼身体，又低碳环保。不过，你知道共享单车是由哪些部分构成的吗？

共享单车的品牌有很多，例如摩拜、OFO、青桔、哈罗等。这些不同样式的共享单车，它们的组成部分肯定是有所区别的。即使是同一个品牌的共享单车，像摩拜单车，也有多种不同的车型。要让孩子来分析共享单车的组成部分，首先需要选定一辆具体的共享单车作为观察对象。因为在画括号图的时候，主题写得越具体，我们思考的目标也就越明确。

以下图为例，观察这辆摩拜单车，大致上可以分为六个主要组成部分，如轮子、车座、把手、脚踏板、车架，无论是共享单车还是普通单车，这五个部分都是它们共有的，也是孩子在观察后很快就能得出的结果。第六个部分是二维码，也是共享单车最为突出的特点，人们通过扫二维码来解锁单车。而解锁系统是最能体现出共享单车"智能"这一特点的，智能锁可以通过网络实现定位、轨迹追踪、接收信号、自动解锁等功能。那么问题又来了，智能锁里的电子模块肯定需要电力来驱动，那智能锁的电是从何而来的呢？这个问题就留给家长来带着孩子共同思考分析了。

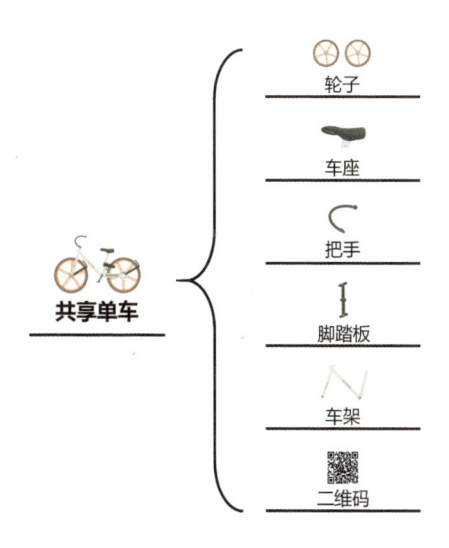

图 2.3-3 "共享单车"括号图参考图例

孩子受益一生的思维力

在观察的基础上，如果想让孩子再做进一步的深入思考，家长可以从每个组成部分的功能特性上做引导提问。例如，单车的把手是用来控制方向的，那轮子的作用是什么？哪一个部分可以给轮子提供动力？为什么需要有车架呢？类似这样的提问，可以让孩子动脑筋去思考每一个组成部分的作用，以及各个组成部分之间存在着什么样的联系。

场景二　在中国陕西的关中地区，有一种传统面食叫作 biángbiáng 面。biáng 字的简体字有 42 画，繁体字有 57 画。你要怎样来教孩子认识这个字，并且正确地书写出来呢？

biáng 字是关中方言里的一个字，也是个臆造字，就算是大人，也不见得都能熟练地写出来。其实，认识和书写这个 57 画的繁体字，有两个诀窍。第一个诀窍就是先来做拆字，把一个复杂的汉字拆解成多个组成部分，就容易记住了。拆字就用到了括号图所表示的整分思维。

怎么引导孩子来拆分 biáng 字？家长可以问问他：观察一下这个字，你觉得它可以被拆成哪些部分？在这个问题的引导下，我们跟孩子一起仔细观察这个字，就会发现，这个 57 画的字，其实可以拆分成 11 个简单的组成部分，如左图 2.3-4。

书写 biáng 字的第二个窍门，就是借助口诀，把各个组成部分通过口诀串联起来记忆：

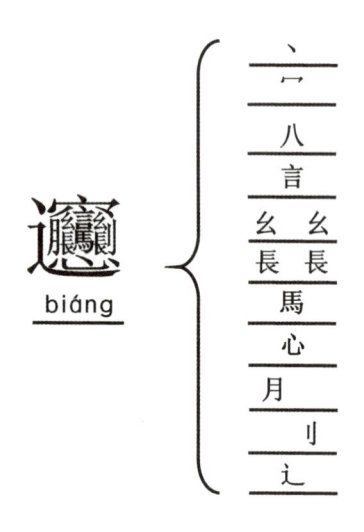

图 2.3-4　"拆分 biáng 字"
括号图参考图例

第二章 八大思维导图，让孩子的思考"理得清，看得见"

> 一点飞上天，黄河两道弯，
> 八字大张口，言字往里走。
> 东一扭，西一扭。
> 左一长，右一长，中间坐了个马大王。
> 心字底，月字旁，
> 打个勾勾挂麻糖，推个车车逛咸阳。

孩子先用括号图进行拆字，然后再结合口诀来写 biáng 字，难度就被大大地降低了。

场景三　暑假疯玩了两个月之后，新学期即将开始了。按照惯例，在开学前总要带着孩子去选购新文具。商店里的文具琳琅满目，样式也是日新月异，孩子东挑西选了好一阵，这支造型独特的笔想要，那个功能齐全的拉杆书包拿起来后也不愿意撒手，最后买了一堆不实用的文具。为了让孩子安心学习，家长不得不为此买单，那怎样才能帮助孩子培养良好的消费观念呢？

相信大多数家长都有类似的困扰，怎么避免这类情况发生？美国学校的做法很值得我们借鉴学习。在美国，每个学校在暑期期间，就会把每个年级新学期需要的文具公布在校园网上，各大超市入口也有所在学区每个学校所需的学习用品的列表。通常是家长带着孩子到超市，让他对照着列表一项一项地把文具买齐。在整个文具区域，无论是大人还是小孩，都会严格地按照清单寻找物品，而且必须找到一模一样的才算达标，完全不会出现"看见什么买什么"的状况。

每当孩子把清单上的文具找齐，他们都会表现得非常高兴，父母也会很兴奋地和他们击掌，肯定他们的努力。如果你已经受够了孩子选购新文具时无止境的购物欲，不妨参考美国学校的好方法，试着让他列一张文具选购清单，并且约定好，有且只有清单上的东西才能购买，这时候括号图就派上用场了。

不过，在用括号图列清单之前，家长可以先带着孩子一起来清点下，在旧文具里，哪些是需要替换和补充的。在这个基础上，孩子再来思考：我真正需要购买的文具有哪些？对文具的型号有什么要求？每种文具需要购买的数量是多少？把文具名称和对应的数量一并记录下来，购买时就能做到心中有数。

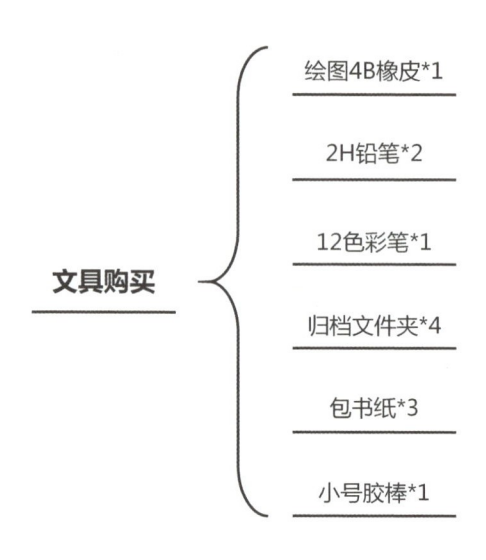

文具购买 {
- 绘图4B橡皮*1
- 2H铅笔*2
- 12色彩笔*1
- 归档文件夹*4
- 包书纸*3
- 小号胶棒*1

图 2.3-5 "文具选购清单"括号图参考图例

通过思考和权衡，我们画出了这样一个括号图，把新学期需要购买的文具完整地罗列出来，做成了一份购物清单。这样不仅能训练孩子做事情的条理性，也可以帮助孩子树立良好的消费观念，避免出现盲目选购的情况。

知识拓展

括号图就像是一个天性好奇的孩子，特别喜欢拆东西，碰到任何东西都想拆一拆，搞明白它是由哪些部分组成的。实际上，括号图的应用范围确实很广，可谓是"无所不拆"，大致上可以归纳为三种类型：概念的拆分、空间的拆分、时间的拆分。

第一种拆分类型：概念的拆分。左边的括号图，是美国数学课堂上非常经典的括号图应用案例，通过对数字"639"进行拆分，帮助孩子理解个位、十位、和百位的概念。

第二种拆分类型：空间的拆分。例如中间的这个括号图，一座房子是由哪些部分构成的：烟囱、屋顶、墙壁、窗户、门，还有台阶。在前面介绍的应用场景中，雪人和共享单车的拆分也属于空间的拆分。

第三种拆分类型：时间的拆分。右边的括号图表示对一段时间内要完成的事情进行分解。简单的时间管理可以分为两个步骤：第一步是按时间对活动进行拆分，用到了括号图；第二步是对各项活动进行次序排列，将会用到流程图。组合使用这两种思维导图，就能形成一个不错的时间管理框架，来帮助孩子做时间管理。这种组合使用思维导图的方法，我们在之后的第五章中将会详细介绍。

图 2.3-6 括号图"无所不拆"

括号图"无所不拆"，生活中的方方面面都可以用上括号图。通过做拆分，可以让孩子对事物的认识不再仅停留于表面，而是能够深入事物的本质，对整体与部分，以及每个部分之间的关系和作用，都有更全面、更系统的认识和了解。

挑战任务

到这里,你已经了解了括号图的三要素,也明白了括号图的应用场景有哪些。现在到了实际操作的阶段,不如尝试着从以下四个挑战任务中挑选出感兴趣的话题,来实际引导孩子画图思考。

任务一 你喜欢吃汉堡吗?如果让你来 DIY 一个创意汉堡,你会选择哪些食材呢?画一个括号图,把你的秘方写下来吧!

任务二 我们现在使用的台式电脑、笔记本电脑、平板电脑都属于计算机,计算机能够同时处理许多复杂的信息,跟它的组成结构有着紧密的联系。请选择观察一种你最常使用的计算机,利用括号图来分析它的组成结构。

任务三 假如让你来自由安排一天的活动,你会怎样度过呢?把你想做的事情都画到括号图上吧!

任务四 地球是目前宇宙中已知存在生命的唯一天体,是包括人类在内上百万种生物的家园。你知道地球的结构是什么吗?它是由哪些部分组成的呢?赶紧去查一下资料,用上括号图来帮助你思考吧!

树形图（分类思维）

情境导入

> 周末到了，全家一起去逛动物园，孩子满心好奇地东瞧瞧、西看看，把之前从动画片和绘本里看见过的动物都认了个遍。回家路上，妈妈问孩子："你今天看到的海豚是属于动物家族里的哪一类呀？"孩子毫不犹豫地回答说："海豚是鱼类，因为它会在水里游泳。"如果你是孩子的家长，会怎样来帮助他更新一下知识呢？

许多孩子逛动物园是"看新奇"，他们一路上被各种动物的样子和叫声所吸引，但兴奋劲过去之后，脑袋里留下的内容却没有多少。而那些善于培养孩子"看门道"的家长，会把逛动物园看作增长孩子认知的"活教室"，在带孩子游览的同时，适时地为孩子讲解各种动物的特点，在动物园之旅结束后，还会带着孩子一起来复盘，帮助孩子整理从动物园学习到的新知识，清扫一些知识盲区。

怎么引导孩子对动物园之旅做复盘？不如尝试着提出以下问题吧：

- 回忆一下，你今天在动物园里都看到了哪些动物？
- 动物园里那么大，你说到的这些动物，是我们在哪些动物分区看到的？
- 现在，你能把想到的这些动物都归类到不同的分区里吗？

孩子受益一生的思维力

- 为什么会这样来分类呢？想一想，相同分区里的动物具有哪些相同的特点？

用树形图怎么画

带着这些问题，并翻阅各种科普资料进行确认后，我们知道，鱼类动物的主要特点是用鳃呼吸，并且依靠产卵来繁殖后代。而海豚是用肺呼吸的，繁殖方式是胎生。根据这两个重要特点，我们就可以判断出海豚属于哺乳类动物，而不是鱼类。用同样的方法，根据共同特点，我们把动物划分成不同的类别。现在，怎么把这些思考结果呈现到思维导图上，完成一份清晰简洁的动物分类总览，帮助我们正确认识和研究不同的动物呢？这就要用到树形图了。跟着以下四个步骤，一起来画一下吧。

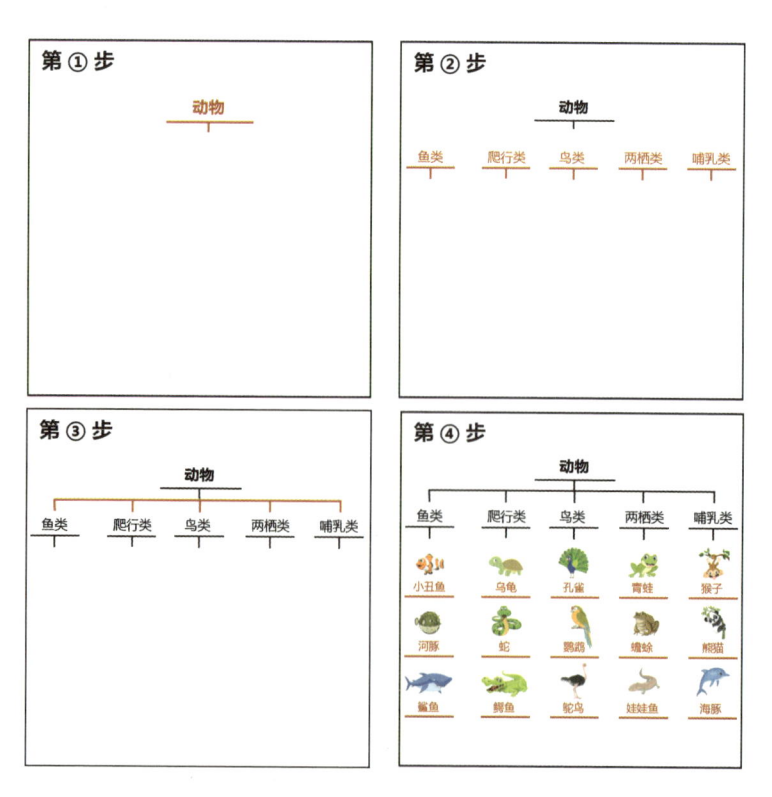

图 2.4-1 树形图的画图步骤

第一步：在白纸的上方先画出树干，写上要进行分类的主题，例如：动物。

第二步：在树干的下面画出"T形线"的树枝，写上类别名称，例如：鱼类、爬行类、鸟类、两栖类、哺乳类。树枝的数量可以根据思考的结果，往左、右两个方向继续做横向延伸。

第三步：画出从树干到树枝的连线。

第四步：在树枝的下面画出树叶的横线，写上各个类别下的具体条目。如鱼类有小丑鱼、河豚、鲨鱼。

至此，一个帮助我们对动物进行分类的树形图就画完了。树形图的特点大家看出来了吗？它就像一棵倒立的大树——分类主题是树干，类别是树枝，各个类别下的具体条目是树叶。

当孩子按照某种标准，对一些事物或概念进行分类后，我们可以启发他继续去寻找和识别事物的特性。树形图的图示特点能够指导孩子从横向和纵向两方面去思考，树干、树枝、树叶三种元素符号把不同的层级划分清楚明了地呈现出来，而这三种符号的相互位置也在提醒着孩子去思考图上各个事物之间的关系——在横向上要思考不同类别事物的差异性，在纵向上要思考同一类别中多个事物之间的共同特点。

树形图三要素

要素一　定义

树形图的定义是，可视化地表示分类（Classifying）的思维过程。

根据情景导入的例子及树形图的定义，我们可以知道，树形图能帮助孩子对事物或信息进行分类和归纳，例如对知识点进行分类整理，提高学习的效率。另外，树形图还可以帮助孩子找出支撑主题的各种细节信息，在写作方面也很实用。

要素二　思维关键词

树形图的思维关键词有两类。一类是动词，例如分类、分组；另一类是名词，例如种类、类型。

Classify, Categorize, Group：
- 分类
- 属于
- 分组

Kind, Sort of：
- 种
- 类
- 种类
- 类型

怎样对×××进行分类/分组？

×××包括哪些种/种类/类/类型？

图 2.4-2 树形图的思维关键词

要素三 引导问题

当你想让孩子对某一主题做整理和归纳的时候，使用树形图思维关键词，就可以提出树形图的引导问题。例如，孩子玩完玩具后不爱收拾，你想使他养成收纳整理的好习惯，那么可以这样来提问：你玩了这么多种玩具，可以把它们分一下类，收拾到自己的柜子里吗？下次就可以按照类别去找到你想玩的玩具了。

类似这样的问题都能给孩子一个信号：嗯，现在我需要对某一个事物做分类整理，最适合帮助我思考的是哪种图呢？根据树形图的定义，以及它独特的样子和功能，孩子很快就能反应过来，现在用树形图再合适不过啦。

应用场景

现在我们已经了解了树形图的三要素，解决了在什么情况下可以用树形图的问题。那么尝试看看，在下面的三个场景中，该怎样引导孩子用树形图解决问题。

场景一 有一天，学校布置作业，让孩子完成一篇关于凤仙花的科学调查报告。孩子不知道该从何入手，妈妈帮他找到了一本科普绘本《一粒种子的旅行》作为研究资料之一。但孩子草草翻阅几分钟之后，只在调查报告中填写了一句话——

第二章 八大思维导图，让孩子的思考"理得清，看得见"

"凤仙花和蒲公英一样，都是靠风来传播种子的。"显然，孩子只是为了做作业而敷衍地阅读，白白浪费了一个科普的好机会，这可怎么办？

我们常常会在很多不可思议的地方发现植物的影子，比如在路边的泥土里，在流浪小动物的皮毛上，还有在石头的缝隙中……植物没有脚，也没有交通工具，它们究竟是怎样到达这些地方的呢？《一粒种子的旅行》就通过精美的图文介绍了种子的传播方式。

那么，怎样引导孩子有意识地分析学习这些知识呢？家长可以用问问题的方式来引导孩子对绘本内容做思考和理解。当孩子知道凤仙花和蒲公英都是依靠风力来传播种子之后，不妨接着抛给他一个新的问题："除此之外，种子的传播方式还有其他的类型吗？"要回答这个问题，孩子又得重新阅读一遍绘本，然后找出了三种传播方式——靠风吹、靠"搭出租车"、靠自己。接下来，我们想让孩子思考这三种传播方式。于是，下一个问题来了："哪些植物的种子是靠'搭出租车'的？哪些又是靠自己来完成传播的？"回答完这个问题，一个完整的树形图也画出来了。花椒树和牛蒡的种子都是靠"搭出租车"——黏附在动物的身体上传播。而草莓的种子是靠自己来传播的——延伸自己的葡匐茎后长出新的根和叶，扎根于地下，长出一株新的草莓。

图 2.4-3 "种子传播方式"树形图参考图例

孩子受益一生的思维力

绘本《一粒种子的旅行》只有七页，但通过用树形图来分类整理知识点，孩子不仅很好地完成了他的凤仙花调查报告，还系统地了解了不同种子的传播方式，一举多得。相信孩子最后完成的调查报告可就不是简单的一两句话，而是一段系统的科学小说明文了。

场景二 孩子开始学习立体图形了，从简单的长方体、正方体，慢慢过渡到了学习圆锥体、圆柱体和球体。每个立体图形的特征——顶点、面、边、角的数量都不一样，孩子都记糊涂了，背也背不下来，有什么好的学习方法吗？

在整理与总结知识点方面，树形图是一个非常实用的思维工具。使用树形图分类整理立体图形的特征，能帮助孩子建立起结构化的知识体系。在下面的树形图例子中，首先把要做整理的几种立体几何图形列在树形图的树枝上，除了写出名称以外，最好再画出对应的图示，用可视化的方式加深印象。接着，在树形图树叶的位置，罗列出每种立体图形的特征。比如这里列出了：正方体有六个平面，长方体也有六个平面，金字塔（三棱锥）有四个平面，圆柱体有两个平面，圆锥体有一个平面，球体没有平面。除了平面，几种几何图形其他维度的特征，比如顶点、边和表面的形状，也要依次记录在树形图树叶上。

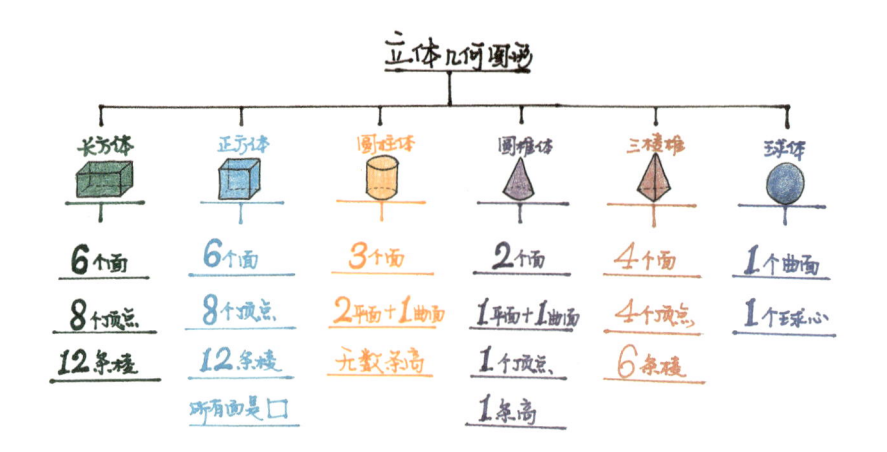

图 2.4-4 "立体几何知识点整理"树形图参考图例

画出这个树形图，不但可以帮助孩子理清数学概念，还归纳整理了与其相关的知识点，在单元复习或阶段复习时会大有帮助。

当然，除了整理数学知识，树形图也可以用于其他学科的知识归纳。换言之，只要是涉及分类归纳与总结的地方都能用到树形图。

场景三　成都作为一座"来了就不想离开的城市"，不仅蕴藏着丰富的历史文化，还有着数不尽的地道川菜美食，让人流连忘返。如果有朋友来成都游玩，你会怎样和孩子来联手制作一份旅游攻略呢？

说到旅游攻略，难免会想起一些洋洋洒洒的长篇图文。其实不然，旅游攻略的要义是知道可以去哪些景点游玩，品尝哪些特色美食，以此来感受当地的文化。所以，用一个树形图就可以做出一份简单明了的旅游攻略。

比如，先思考一下：如果想让外地朋友感受成都的历史文化，你最想推荐他去游玩的地方有哪些？

成都是一座著名的旅游城市，而说到名胜古迹，最有名的当数这三个地方：有三国历史背景的武侯祠，诗圣杜甫流寓成都时的故居杜甫草堂，以及专门展示商周时期四川地区古蜀文化的金沙遗址博物馆，那里收藏着代表古蜀文明的"太阳神鸟"。

众所周知，成都也是美食之都，川式家常菜、四川火锅，以及各种特色小吃，数不胜数。比如传统的糖油果子、蛋烘糕、甜水面等，只有在成都才能尝到地道的滋味。

除了感受历史文化与美食，成都还有其他一些特色景点也是不容错过的，比如世界上只此一家的大熊猫繁育基地。还有目前世界上最大的单体建筑——环球中心。另外还可以去逛一逛位于市中心的宽窄巷子，由两条古街打造而成，既保存着传统古朴的风格，又充满了现代的生活气息，也是成都的一大热门景点。

孩子受益一生的思维力

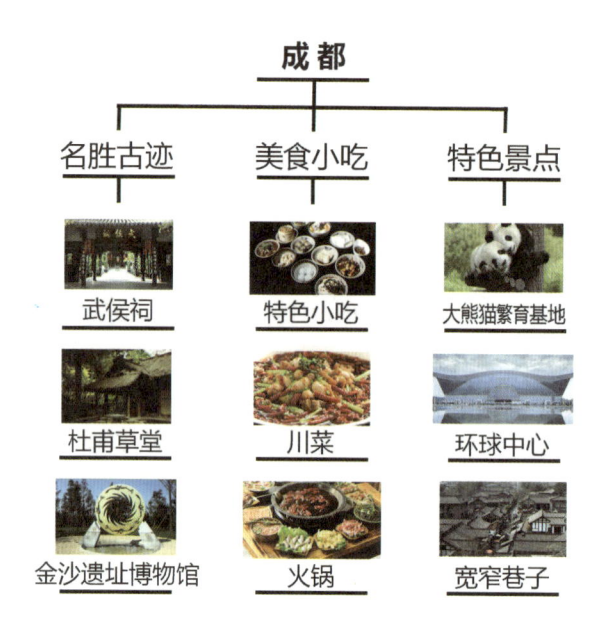

```
                    成 都
        ┌────────────┼────────────┐
     名胜古迹      美食小吃       特色景点

      [武侯祠]      [特色小吃]    [大熊猫繁育基地]

     [杜甫草堂]     [川菜]         [环球中心]

   [金沙遗址博物馆]  [火锅]         [宽窄巷子]
```

图 2.4-5 "成都旅游攻略"树形图参考图例

用树形图画完这份攻略后，不但锻炼了孩子的分类思维，也能让他们头头是道地跟外地朋友介绍成都的特色文化。

知识拓展

引导孩子用树形图对信息进行分类时，家长要注意一个关键点——分类标准可以有多种，但分类条目不可以有交叉。怎么理解这一点？请看下面这两个内容相似，但意思表达有所区别的树形图。

第二章 八大思维导图，让孩子的思考"理得清，看得见"

成都
- 名胜古迹
  - 武侯祠
  - 杜甫草堂
  - 金沙遗址博物馆
- 美食小吃
  - 特色小吃
  - 川菜
  - 火锅
- 特色景点
  - 大熊猫繁育基地
  - 环球中心
  - 宽窄巷子

按文化元素分类

成都
- DAY 1
  - 武侯祠
  - 杜甫草堂
  - 特色小吃
- DAY 2
  - 金沙遗址博物馆
  - 大熊猫繁育基地
  - 火锅
- DAY 3
  - 环球中心
  - 宽窄巷子
  - 川菜

按时间维度分类

图 2.4-6 树形图"分类标准不唯一，分类条目不交叉"

69

孩子受益一生的思维力

做分类的时候，第一步是要确定事物的分类标准（树形图里的树枝）。上一页的蓝色树形图是按文化元素来进行分类的，可以把成都分为名胜古迹、美食小吃、特色景点这三类。而绿色树形图就体现了另一种分类标准——按时间维度来分。做一个三天的成都旅游计划，第一天、第二天、第三天分别做什么，去哪些不同的景点，品尝哪些不同的美食。一个事物的特点有很多，不同的人关注的地方又各不相同。所以，树形图的分类标准因人而异，没有唯一答案。同样是以成都为主题，我们就思考出了两种不同的分类标准，画出了两个不同的树形图。

做分类的第二步是要找出"不同点"，也就是在一个类别下的具体条目（树形图里的树叶）不会跟另一个类别下的条目有所交叉。例如上一页的蓝色树形图，把成都分为名胜古迹、美食小吃、特色景点这三种类别，那么美食小吃里的川菜、火锅就不会跟名胜古迹这一类有交叉的地方。再举一个例子，如果把平面图形分为长方形、正方形和三角形，孩子在长方形这一类别下列举的条目是"纸"，那么就视为出现了交叉，因为纸既有长方形也有正方形。怎么修改呢？如果把纸进一步具体到A4纸，就是正确的分类了。

了解到这个关键点后，家长在辅导孩子画树形图的时候，可以留意一下他对自己写出的分类标准的解释。鼓励孩子按照自己的思路来进行分类，远好过我们为他预设的标准答案。

挑战任务

到这里，你已经了解了树形图的三要素，也明白了树形图的应用场景有哪些。现在到了实际操作的阶段，不如尝试着从以下四个挑战任务中挑选出感兴趣的话题，来实际引导孩子画图思考吧！

任务一 世界上存在着各种各样的动物，而动物的分类也有很多种。到现在为止，你认识了多少种动物？可以按照你的理解对它们进行分类吗？用树形图来帮助你思考吧！

任务二 你喜欢阅读吗？你家里是否有很多不同类型的图书？今天，由你来担任小小图书管理员，协助爸爸妈妈完成书籍的分类摆放。你觉得可以把书籍分成多少种类型？每一类中又会包括哪些书呢？利用树形图来帮助你整理思路吧！

任务三 生活中到处都有几何图形，我们所看见的一切都是由基本几何图形组成的。比如盘子是圆形的，金字塔是三角形的，课本是长方形的……你还能从生活中找出哪些由几何图形构成的物品？用树形图来记录你的观察结果吧！

任务四 每个人在不同环境下会产生各种不一样的情绪，比如快乐、烦恼、忧伤、气愤等。回忆一下你的经历，对自己的情绪做一个分类吧。在什么情况下你会产生这样的情绪？把产生不同情绪的各个场合整理到树形图上吧。

双气泡图（比较思维）

情境导入

> 有一天，妈妈接孩子放学回家，在公寓里等电梯时妈妈灵机一动，想跟孩子聊一聊：我们每天上下楼乘坐的电梯，跟商场里的自动扶梯有什么区别？如果换作你，会怎样来启发孩子思考、谈论这两种电梯的不同之处，学习生活中的知识呢？

高层公寓楼里有电动直梯，商场、地铁站里有自动扶梯，这两种电梯在生活中都太常见了，孩子肯定也都体验过。但要细数出两者的区别，还是需要动一下脑筋认真思考的。作为家长，在孩子思考的过程中，你会给他提出哪些问题，来帮助他找到电动直梯和自动扶梯的相同点和不同点呢？不如尝试提出以下这些问题吧：

- 我们上下楼乘坐的电梯，跟商场里的扶梯相比，是不是一样的呢？
- 这两种电梯有没有相同的地方呢？它们的作用是什么？
- 回忆一下这两种电梯的材质，它们分别是用什么材料做成的？
- 我们搭乘电动直梯或自动扶梯的时候，需要进行什么操作吗？

第二章 八大思维导图，让孩子的思考"理得清，看得见"

用双气泡图怎么画

无论是开放性的提问，还是具体的问题引导，孩子都能结合自己的生活经历和细致观察，思考得出一些相同点和不同点。不过，孩子想到的这么多信息，就算是让他一一细说出来也要花不少时间，还特别容易说漏。怎样把信息呈现到思维导图上，既帮助孩子持续思考和记录，又能让别人一眼就看明白这是在比较两个事物，并且还可以迅速抓住它们的相同点和不同点呢？跟着以下四个步骤，一起来画一下吧。

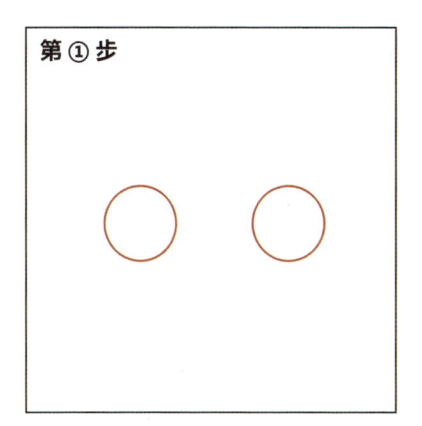

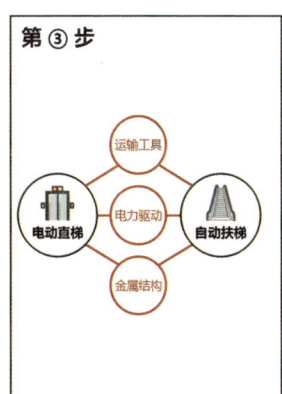

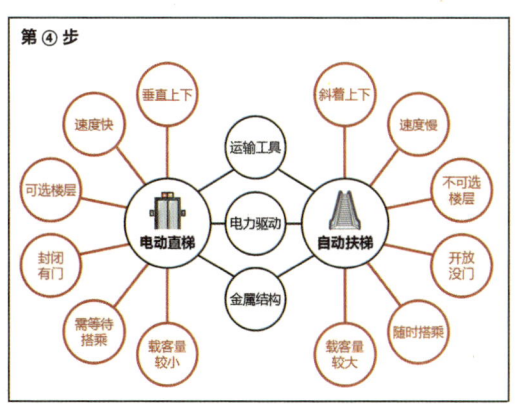

图 2.5-1 双气泡图的画图步骤

第一步：在白纸的中心画出两个大气泡，保证左边、右边和中间都留出足够的空白区域。

第二步：在两个大气泡里，写下要做比较的两个事物，如：电动直梯，自动扶梯。

第三步：在两个大气泡的中间画小气泡，写出这两个事物的相同点（运输工具、电力驱动、金属结构），用线同时连接到两边的大气泡上。

第四步：在两个大气泡的外侧画小气泡，写出这两个事物各自的特点（比如直梯可选楼层，扶梯不可选楼层），用线连接到大气泡上。

经过这四步，一个比较电动直梯和自动扶梯的双气泡图就画完了。双气泡图的特点和好处大家看出来了吗？两个大气泡醒目地表示出了我们要进行比较的两个事物，中间的小气泡同时跟两个大气泡相连，清晰地表示出了这是两个事物共有的特点，左右两边的小气泡都只和一个大气泡相连，表示一个事物独有的特点。每次在描画这些连线时，就相当于帮助孩子对每一个新增的相同点或不同点进行思考和确认，它是两个事物共同拥有的特点吗？或者它是属于哪一个事物的特性？如果孩子粗心，把自动扶梯的特点，例如"斜着上下"，写到电动直梯的特点里，那比较出来的结果可就颠倒啦。

双气泡图三要素

要素一 定义

双气泡图的定义是，可视化地表示比较和对比（Comparing and Contrasting）的思维过程。

根据情景导入的例子及双气泡图的定义，我们可以知道，双气泡图能帮助孩子找出两个事物之间的相同点和不同点，通过比较做出选择。双气泡图还可以让孩子通过对比分析，来对两个相似的事物进行深入理解。比较分析是一个重要的分析问题的方法，而双气泡图是一个相当有效的训练比较思维的工具。

第二章 八大思维导图，让孩子的思考"理得清，看得见"

要素二　思维关键词

双气泡图的思维关键词有两类。一类是动词，例如比较、对比；另一类是名词，例如相同点、相似的地方、区别、不同的地方。

Compare, Contrast：
- 比较　● 对比

如何比较/对比这两个事物/概念的？

Similarity, Difference：
- 相似/相同的地方
- 区别/不同的地方

这两个事物/概念有哪些相同和不同的地方？

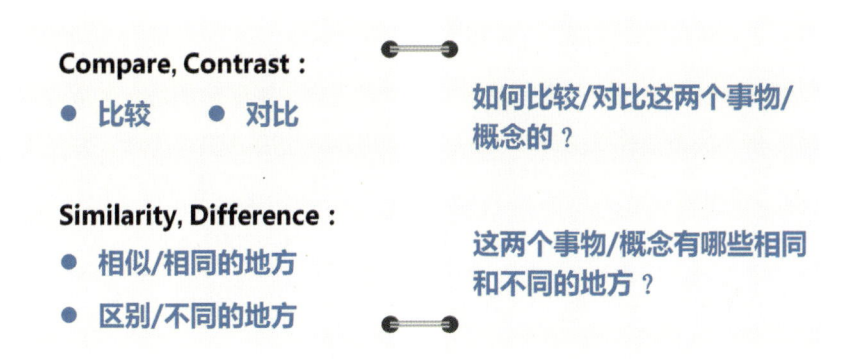

图 2.5-2 双气泡图的思维关键词

要素三　引导问题

当你想让孩子通过比较分析，深刻认识和理解两个事物时，使用双气泡图思维关键词，就可以提出双气泡图的引导问题。例如，在引导孩子比较思考篮球运动和足球运动这两种不同球类运动时，可以这样来提问：你知道篮球运动和足球运动有哪些相同的地方吗？除此之外，它们还有什么不同的地方？

类似这样的问题，能给孩子提供一个指示明确的信号：嗯，现在我需要对某两个事物做比较分析了，最适合帮助我思考的是哪种图呢？根据双气泡图的定义和它独特的样子，孩子很快就能反应过来，双气泡图是不二之选。

应用场景

现在，我们已经了解了双气泡图的三要素，解决了在什么情况下可以选择双气泡图的问题。那么就来尝试看看，在下面的三个场景中，该如何引导孩子用双气泡图解决问题。

75

场景一 公交车和地铁都是出行时经常会乘坐的公共交通工具，根据不同目的地，我们要选择更合适的出行方式。来到陌生的城市旅游，为了更加便捷地到达目的地，你会选择乘坐公交车还是地铁？为什么会做出这样的选择？

和孩子一起外出旅游时，从住宿、就餐到交通等，基本都是家长全程包办的，孩子只需要尽情享受旅途的愉快就可以了。但其实，家庭旅游是一个锻炼孩子思维的好机会。例如在选择出行方式上，家长就可以引导孩子来思考，并且帮忙做决定：公交车和地铁，选择哪一种交通工具可以更快到达目的地？理由是什么？

首先，家长可以引导孩子来想一想：公交车和地铁有什么相同点？孩子可能会想到这两者都有座位，都可以载人，都要去固定的站台搭乘，总结一下，公交车和地铁都是一种方便人们出行的公共交通工具。

此外，家长还可以继续提问：我们在乘坐地铁或公交之前，一般要做什么事情呢？有没有必须要完成的步骤，否则就不能乘坐了？这时孩子就会想起，地铁和公交车作为公共交通工具，在乘坐之前都需要先购买车票。

找完两者的共同点之后，家长该引导孩子去思考不同点了：回想一下你乘坐地铁和公交车的体验，或是读过的科普图书，你认为这两种交通工具有哪些不同的地方呢？

作为乘客，在选择公共交通工具时，最关心的一点当然是是否准时。从这一点去思考，就可以比较得出地铁更准时，因为它有专用轨道，并且时速能达到上百千米。而公交车在大马路上行驶，即使有公交车专用通道，但仍然需要等待红绿灯，也会遇到道路拥堵的状况，甚至还容易受天气情况的影响，比如暴雨、大雪。从运量上看呢？地铁和公交车可以承载的人数有什么区别？你会发现地铁的车厢节数更多，空间更大，地铁跑一趟就能运载数千名乘客。而公交车最多也只有两个车厢，每个车厢可搭乘五十人左右。这样一比较，公交车的运量可比地铁的要少太多了。从环保角度思考呢？地铁和公交车，乘坐哪一种交通工具更环保，为什么？这个问题需要孩子思考两者的动力来源，也是平时不太会注意到的。地铁是电力驱动，在行驶过程中，通过碰触轨道或车顶来获取电力。而公交车就像其

第二章 八大思维导图，让孩子的思考"理得清，看得见"

他汽车一样，需要用汽油、柴油或天然气等来提供动力。不过，随着技术的进步，许多城市的公交车也开始逐渐更替为电力驱动了。

我们从三个思考角度找到了很多不同点，比较下来，好像地铁更有优势，那是不是就可以得出结论，以后出行都直接选择地铁就好？当然不是，从某些角度来看，地铁也是有劣势的。比如站点数量，公交车的线路多、灵活性高，可以到达城市的各个大小站点。而修建地铁是一个庞大的工程，要综合考虑众多因素。所以，为了提高效率，地铁站一般会设置在人流量更大的地点，站与站之间的距离更远。通过这样一番对比思考后，相信孩子以后在选择乘坐地铁还是公交车时，会做出更好的判断。

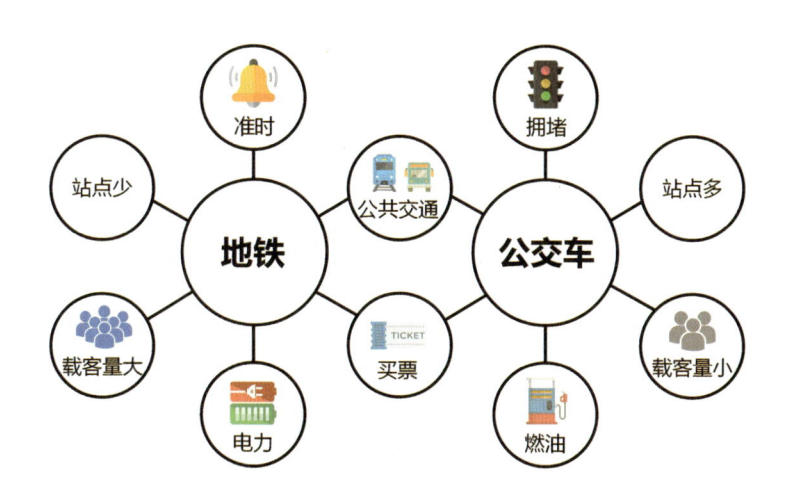

图 2.5-3 "比较地铁和公交车"双气泡图参考图例

用双气泡图做对比，不仅能够帮助孩子做出合理的选择，而且画双气泡图，能让孩子全方位、多角度地思考，探究和理解普遍现象背后的原因有哪些。在这个过程中，既锻炼了孩子的比较思维，又帮助他拓展了许多新知识。

当然，除了参考图例中展示的几个思考维度，地铁和公交车这两种交通工具的相同点和不同点还有许多。家长可以和孩子一起去做调查研究，为你们的双气

77

泡图添加更多的小气泡,更深入地去认识地铁和公交车。

场景二　孩子永远是父母最大的牵挂,父母对孩子的长相性格、生活习惯、兴趣爱好等,可谓是了如指掌。但是,孩子了解自己的爸爸妈妈吗?知道他们分别有什么特点吗?如果让孩子对比一下自己和爸爸或妈妈的相同点和不同点,孩子能说出多少呢?

在分析人物时,通常要考虑的维度有外貌、性格、习惯、爱好等。在这个场景下,引导孩子对比思考自己和父母的相同点和不同点时,家长不妨把这些维度都考虑一遍。画图之前,首先要选定两个比较的对象,例如对比"我和爸爸",或是"我和妈妈"。选好之后,就可以从下面这几个思考维度进行比较了。

看一下爸爸或妈妈,从外貌上,你们有哪些相像的地方,例如:都是大眼睛,都有酒窝。外貌上有哪些不同的地方呢?孩子的手小,而爸爸妈妈的手大;孩子是双眼皮,而爸爸是单眼皮。接下来,比较一下你和爸爸妈妈的性格,有哪些相同点和不同点呢?也许你们都爱笑,都很幽默。也许孩子很勇敢,而妈妈的胆子有点小。最后,你和爸爸妈妈有哪些共同的兴趣爱好?比如都爱吃美食,都爱看书,都爱听音乐。那你们有什么不同的兴趣爱好吗?也许你喜欢踢足球,而妈妈喜欢烘焙。或者是你喜欢弹钢琴,而爸爸喜欢下象棋。

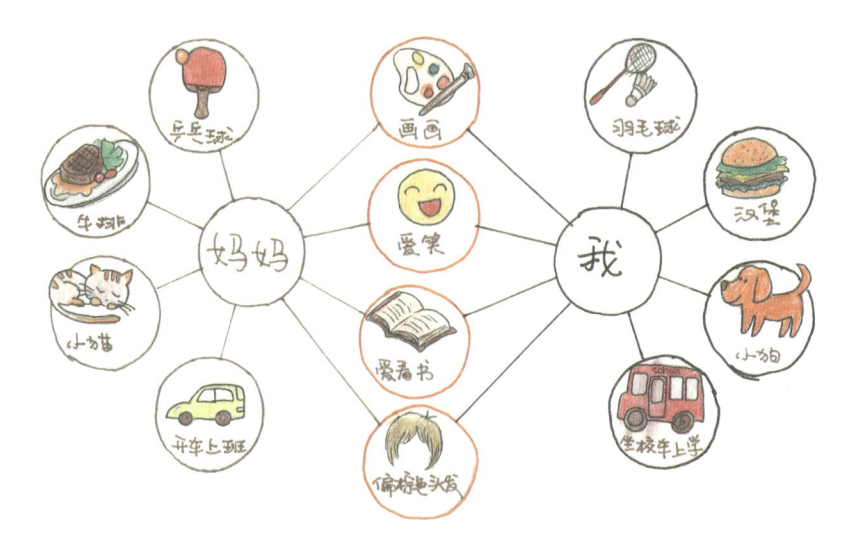

图 2.5-4 "比较我和妈妈"双气泡图参考图例

第二章 八大思维导图，让孩子的思考"理得清，看得见"

类似这样的练习，爸爸妈妈在跟孩子谈心、聊天的时候都是可以做的。在轻松的氛围下，通过画双气泡图，引导孩子去观察生活细节、分享感受，既锻炼了思维，又增进了亲子感情。

场景三 随着世界各地美食文化的相互传播，我们不用出国就能品尝到各种异域美食，感受到不同的饮食文化。那么你带孩子去吃西餐的时候，是否注意或思考过，中餐和西餐有哪些相同和不同之处呢？

中餐代表着以中国为首的大多数东方人的饮食文化，西餐则代表了欧洲各国和地区的餐饮文化。说起中餐和西餐的不同点，大多数孩子最先会想到的就是餐具：吃中餐用筷子，吃西餐用刀叉。为什么西餐的餐具以刀叉为主呢？顺着这一点，家长可以引导孩子从中西餐各自选用的食材进行思考——西餐的主菜多以肉食为主，例如牛羊肉，所以需要配合使用刀叉来切割享用。相比之下，中餐的食材选择更加丰富，从俗语"山中走兽云中燕，陆地牛羊海底鲜"可见一斑。此外，中餐和西餐的就餐习惯和氛围也各有特色：中国人爱热闹，大家围在一起共享菜肴、相互攀谈；而西方人更倾向于在安静的环境下用餐，习惯分餐制，每个人根据自己的喜好和饭量进食，各取所需。

图 2.5-5 "比较中餐和西餐"双气泡图参考图例

当然，除了上述几个思考维度，家长还可以从主食、烹饪方式、上菜顺序、餐桌礼仪等各个方面，来引导孩子比较分析中餐和西餐的相同点和不同点。通过比较分析，孩子可以全面地了解和学习中西餐截然不同的饮食习惯，以及背后的文化内涵。

知识拓展

在引导孩子用双气泡图做比较时，关键要抓好比较的"一头一尾"。

在生活中，可以比较的事物无处不在。在学习中，比较也是一种常见的学习方法。但并不是所有事物都适合用来做比较。比如，在生活中对汽车和电视进行比较，或者是在学习中把汉字和标点符号拿来做比较，显然就不太合适。适合做比较的两个对象应该符合以下特征：它们之间既有相同点、相似之处，又有区别和差异。抓好比较的"一头"就是要合理选择比较的对象。

而比较的"一尾"，就是要得出结论。可以是通过比较做出一个合理的选择，也可以是对某个知识点的深度理解。比如在前面的例子中，了解到公交车和地铁的异同之后，我们就可以根据比较的结果选择城市出行的交通工具。如果我们要去的目的地既有地铁也有公交车，就应该首选更准时快捷的地铁，而如果我们要去的地方没有直达地铁，但是有方便的公交车，乘坐公交车也许会更方便一些。

挑战任务

到这里，你已经了解了双气泡图的三要素，也明白了双气泡图的应用场景有哪些。现在到了实际操作的环节，不如尝试着从以下四个挑战任务中挑选出感兴趣的话题，来引导孩子画图思考吧！

任务一 你已经在学校学习了一年多的英语，而英语和语文这门学科相比，存在着许多差异。请你画一个双气泡图，对英语和语文这两门学科进行全面的比较和分析，把你的发现写下来。

任务二 今年圣诞节你收到礼物了吗？对比西方的圣诞节和中国的传统春节，两者之间相同点和不同点有哪些呢？查找一下资料，把你得出的结论记录到双气泡图上吧！

任务三 我们每天都会看见太阳和月亮，但你是否想过，它们有哪些相同和不同的地方呢？翻一翻书籍，用上双气泡图来帮助你进行对比吧！

任务四 圆锥体和圆柱体都是立体图形，除此之外，它们还有哪些相同点？想一想，它们的不同点又有哪些？画一个双气泡图，把你的分析结果都记下来。

流程图（顺序思维）

情境导入

> 俗话说"病从口入"。除了误食不干净的东西外，我们的手也是病菌重要的传播媒介。因此，从小培养孩子饭前便后洗手的良好卫生习惯很有必要。不过，洗手也讲究方法，为了达到有效祛除病原菌的目的，你会怎样教孩子正确的洗手方法呢？

我们可以把洗手看作一项小小的活动，在家长的一步步示范下，孩子可以很好地完成洗手这项活动。但是，要想孩子牢记正确洗手的方法，就需要分解出每一个操作步骤，让他知道先做什么，后做什么。在有章可循的情况下反复练习，才能养成好习惯。就像在幼儿园里，老师也会在洗手池的上方张贴正确的洗手步骤图，作为友善提醒一样。所以，爸爸妈妈在家里指导孩子正确洗手后，不妨来做一个活动复盘，让孩子回忆出刚才洗手的全过程，以此来检验他是否真的理解、记住了正确的洗手方法。在复盘过程中，家长可以尝试提出以下问题，来帮助孩子理清次序：

- 回忆一下，我们刚刚洗手的时候，第一步要做什么？
- 水龙头已经打开，你的小手也湿了，接下来该做什么呢？

- 我们的手上已经有洗手液了,下一步应该做什么呀?
- 现在手心、手背和指缝间都搓出泡泡了,下一步要做什么?
- 洗手液的泡泡都用水冲掉了,小手干干净净的,是不是就洗完了呢?还要做什么?
- 关上水龙头后,我们的手还是湿的,最后一步要做什么?

用流程图怎么画

通过思考这些问题,我们把正确洗手的步骤都列出来了。现在,怎么把这些思考结果呈现到思维导图上,简洁明了地表示出各个步骤的先后顺序呢?跟着以下四个步骤,一起来画一下吧。

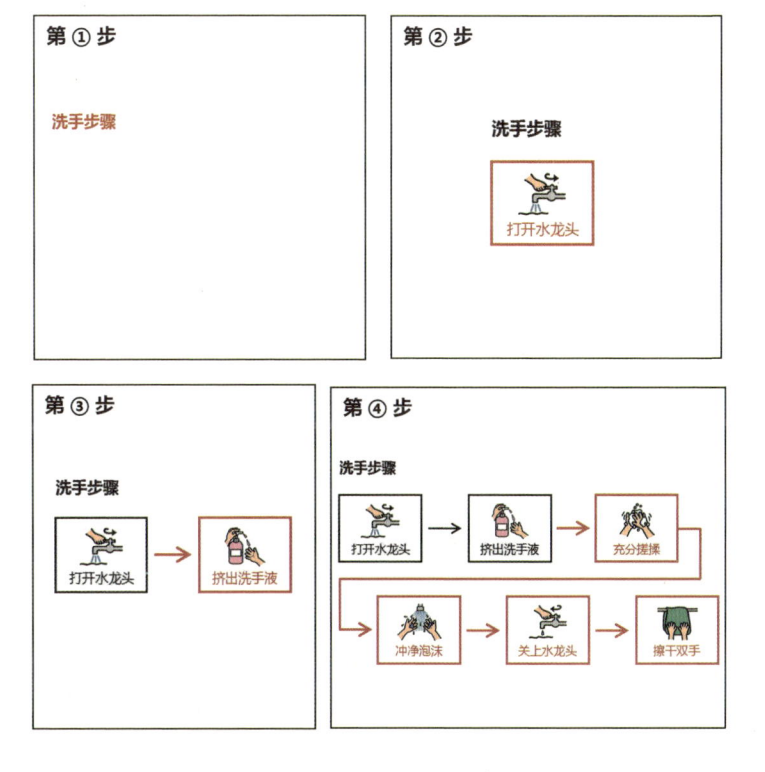

图 2.6-1 流程图的画图步骤

第一步：在纸上任意空白的地方写出事件名称，表示这是什么事情、活动的流程，如：洗手步骤。

第二步：画出第一个大方框，在方框中描述一个步骤，如洗手的第一步是打开水龙头。

第三步：在第一个方框后画出箭头线，并画第二个大方框，写出对应的步骤内容。要注意：箭头线表示步骤的顺序，箭头方向总是从一个步骤指向下一个步骤。

第四步：以此类推，直到画完所有步骤。

到这里，一个表示正确洗手步骤的流程图就画完了。流程图的特点和好处大家看出来了吗？箭头线把每一个步骤都串联起来了，根据箭头的方向指示，我们一眼就能看出来需要先做什么，后做什么，这样的可视化效果对孩子来说更是简单易懂。正因为流程图的一大特征是有箭头线，孩子在画图思考的时候，自然会去斟酌这样来安排次序是否合理。

流程图三要素

要素一　定义

流程图的定义是，可视化地表示顺序排列（Sequencing）的思维过程。

根据情景导入的例子及流程图的定义，我们可以知道，流程图能帮助孩子理解一项活动的流程，或者是一个故事的情节发展。另外，流程图也是一个辅助孩子按次序整理信息、方便记忆的可视化思维工具。

要素二　思维关键词

流程图的思维关键词很多，比如安排、排序、顺序、步骤等。

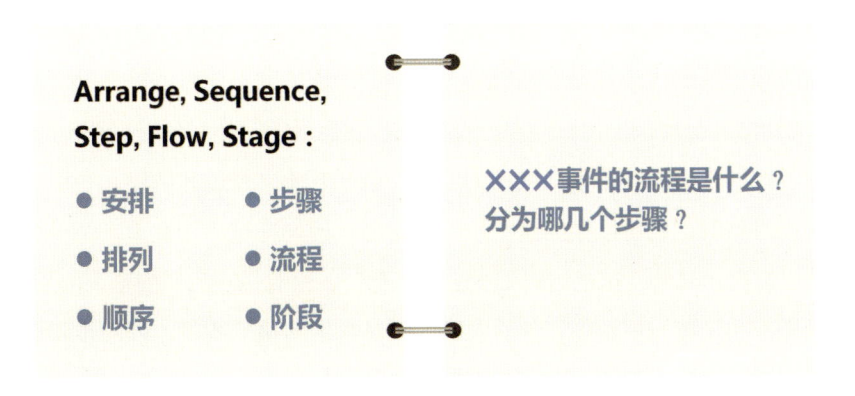

第二章 八大思维导图，让孩子的思考"理得清，看得见"

Arrange, Sequence, Step, Flow, Stage：
- 安排
- 步骤
- 排列
- 流程
- 顺序
- 阶段

×××事件的流程是什么？
分为哪几个步骤？

图 2.6-2 流程图的思维关键词

要素三　引导问题

当你想指导孩子梳理一项活动的操作步骤，或一个问题的解决过程，帮助他逐步建立次序概念时，使用流程图思维关键词，就可以提出流程图的引导问题。例如，在跟孩子一起做科学小实验时，可以这样来提问：这个实验的流程是什么？需要分成几个步骤来完成？

类似这样的问题，能给孩子提供一个指示明确的信号：嗯，现在我需要对某一个事物做顺序排列，最适合帮助我思考的是哪种图呢？根据流程图的定义和它独特的箭头线，孩子很快就能反应过来，选择流程图准没错。

应用场景

现在，我们已经了解了流程图的三要素，解决了在什么情况下可以选择流程图的问题。那么就来尝试看看，在下面的三个场景中，应该怎样引导孩子用流程图来解决问题。

场景一　转眼间，又到了草莓成熟的季节。周末的时候一家人去草莓园玩，孩子不仅尝到了酸甜可口的草莓，还体会到了采摘的乐趣。妈妈看孩子这么兴致勃勃，于是鼓励说：不如把你第一次摘草莓的体验写成小作文，记录下来吧？可孩子三言两句就写完了一篇流水账，真是伤脑筋。

事情的经过是叙事作文这类体裁的重点，要求描写得详细而具体。但是二、三年级的孩子在叙述一件事情的时候，通常会出现情节不连贯或缺乏细节描述的情况。流程图能帮助孩子构思框架、梳理思路，对之后的写作起到提纲挈领的作用。

小学叙事作文一般采用三段论的结构，包括开头、经过和结尾。在引导孩子梳理写作思路时，也可以根据这个结构去思考。例如在这篇作文里，第一个步骤方框就可以表示开头"爸爸妈妈带我去摘草莓"，同时想一想：摘草莓的那一天，天气怎样？在草莓园里看到了什么？这一类环境描写虽然不是流程图步骤描述需要的内容，但对文章后续的细节填充很有帮助，所以想到之后可以记录在步骤方框的附近，这个技巧在引导孩子构思作文、打草稿时很实用。

接下来，就要思考事情的经过了，孩子需要详细地回忆、介绍摘草莓的经过：首先拿到一个小筐，然后用剪刀把草莓剪下来，再轻轻地放进小筐里，最后用水把草莓冲洗干净就可以吃了。在这个过程中，通过思考摘草莓的每一个细小步骤，帮助孩子把事情经过细致地讲清楚、写明白。最后一步就是思考作文的结尾：第一次体验摘草莓，有什么收获吗？孩子想到了摘草莓虽然有点累，但是心里很甜，因为是自己劳动换来的成果。

图 2.6-3 "摘草莓作文提纲"流程图参考图例

通过画流程图，把故事中的关键情节记录下来，孩子可以完整地把一件事讲清楚，写好一篇叙事作文。

第二章 八大思维导图，让孩子的思考"理得清，看得见"

在流程图 2.6-3 上，第二个大方框步骤的下方有四个小方框，代表的是子步骤。在一个流程图上有若干个步骤，如果想对其中某个步骤做细分，就可以在对应的步骤大方框下面画出小方框，排成一行，来表示相应的子步骤。包含子步骤的多级流程图，可以展示更多层级的顺序关系。

场景二 给孩子检查数学作业的时候，发现他做错了一道数学填空题。题目是，在 5~15 之间，能被 3 整除的一个奇数是几？孩子算出的答案是 15。如果你是孩子的家长，会怎样来帮助他订正这道数学题？

在这种情况下，比起让孩子立刻重新做题，更有效的方法是引导他对错题做复盘。例如这道错题，不妨先问一下孩子："你当时是怎么计算这道数学题的？讲一讲你的解题步骤是什么？"孩子回答说："很简单呀，在数字 5 和 15 里面只有 15 能被 3 整除，而且又是奇数，符合题目的要求，所以答案就是 15。"很显然，孩子审题的时候粗心大意，漏掉了一条关键信息"这个数字在 5~15 之间"，这里面当然不包括数字 5 和 15 了。

了解孩子的解题思路后，现在要来订正题目了。这回可要仔细审题，根据题目中关键信息出现的先后顺序，来重新计算一遍。首先，根据题目的第一条关键信息"在 5~15 之间"，排除 5 和 15 之后，这中间一共有 9 个数字：从 6 开始，一直到 14。然后第二条关键信息是"能被 3 整除"，通过排除判断，9 个数字筛选到只剩 3 个：6、9 和 12。最后，根据第三条关键信息"一个奇数"，很容易就找到了最终答案——9。

孩子受益一生的思维力

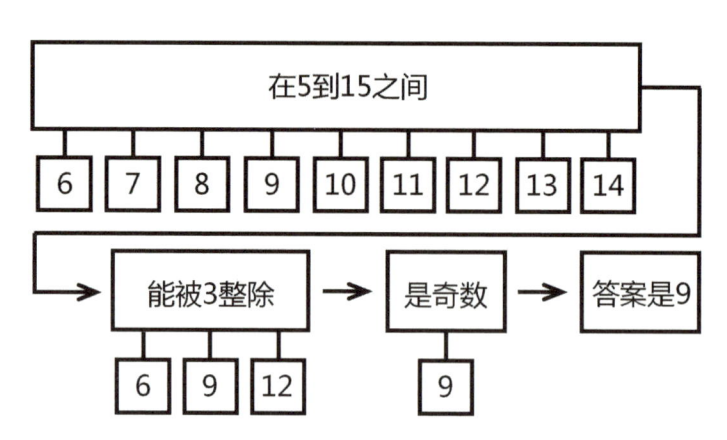

在5到15之间，能被3整除的一个奇数

```
在5到15之间
  6  7  8  9  10  11  12  13  14
  → 能被3整除 → 是奇数 → 答案是9
       6 9 12        9
```

图 2.6-4 "复盘数学错题"流程图参考图例

  这是流程图在数学学科上的一个应用，也是一个家长辅导孩子学习的好方法。从低年级开始，家长通过有意识地使用流程图给孩子分析解题过程，可以帮助他训练缜密的逻辑思维，使他养成有条有理的解题习惯。同样，做错题时，家长也要引导孩子通过画流程图来解释自己的解题思路，检查是在哪一步出现了差错。

  缜密思考与自我纠错，是学习理科的必备能力，而表示顺序与逻辑的流程图正是帮助我们提升能力的好工具。

场景三 孩子期待已久的暑假到了，一家人早早商量好要去美国纽约，带孩子参观心念已久的大都会艺术博物馆。不过，这是孩子第一次出国，兴奋之余也有点紧张，于是妈妈给孩子布置了一个小任务，让他查查资料，提前熟悉一下国际航班的登机流程，不要到时候犯迷糊跟着瞎走。没想到，孩子查完资料后就开始抱怨说太复杂了，这么多字根本记不住。怎样来帮助孩子击退消极情绪，完美解决这个小难题呢？

第二章　八大思维导图，让孩子的思考"理得清，看得见"

通过查阅资料，孩子知道了在搭乘国际航班时需要做哪些事，但这些事情的先后顺序是什么？怎样才能不遗漏每一个环节，顺利登机呢？这时候就需要用上流程图来理清顺序了。

在家长的帮助下，孩子从参考资料里提炼出每个环节的关键信息，并且还非常细心地考虑到了，在国内机场搭乘国际航班，第一步是确定航站楼。这一点非常有用，比如在成都机场，一号航站楼和二号航站楼之间的距离就比较远，一旦去错了航站楼，不仅浪费时间，甚至还有可能因为迟到而错过航班。所以，搭乘国际航班前一定要找对航站楼。通过航站楼的防爆安检后，到柜台办票、托运行李和领取登记牌，然后是接受各种检查。孩子在"各种检查"这个大步骤的下面画出了四个子步骤小方框，详细列出了每一项检查的顺序：首先是检验检疫，然后是海关检查，接着是边防检查和安全检查。在顺利通过各种检查之后，最后一步才是候机和登机。

国际航班登机流程

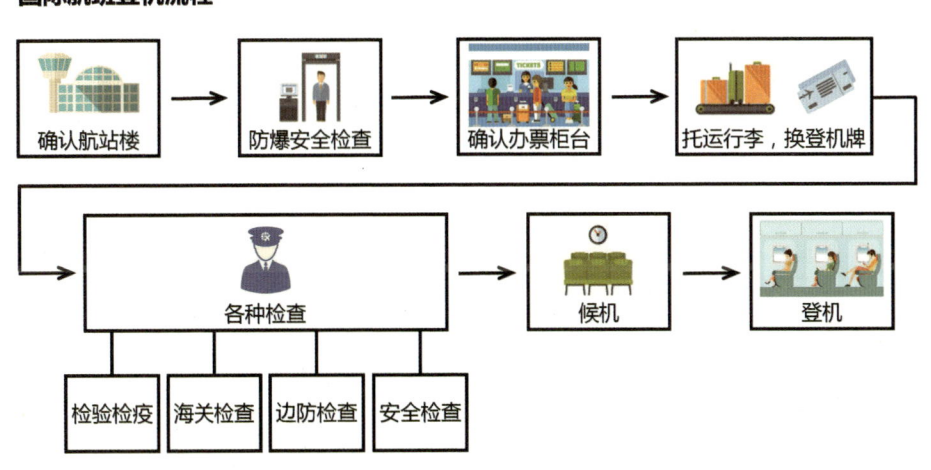

确认航站楼 → 防爆安全检查 → 确认办票柜台 → 托运行李，换登机牌 → 各种检查（检验检疫、海关检查、边防检查、安全检查）→ 候机 → 登机

图 2.6-5　"国际航班登机"流程图参考图例

通过画流程图，可以帮助孩子把查阅到的大量文字信息做出结构化整理，提炼成通俗易懂的步骤顺序，照着这个流程图来办理国际出发手续，就能随时校验，不会乱中出错了。

知识拓展

流程图用于呈现一个事件的顺序或步骤，图示方向有多种选择，没有标准定式。常见的图示方向有三种：从左到右；从上到下；循环往复。

● "从左到右"：这是最常见的一种流程图画法，符合我们通常的文字读写习惯，这种画法的好处是，能够随时为某个步骤添加子步骤。例如在做亲子烘焙时，画出含有子步骤的流程图，可以帮助孩子梳理清楚，在每一个环节里，需要先做哪一步，后做哪一步。并且，在烘焙结束后，我们还可以结合实际操作，对现有的子步骤进行增补、优化。当我们要梳理复杂事件的步骤时，按照"从左到右"的方式来画流程图是一个不错的选择。

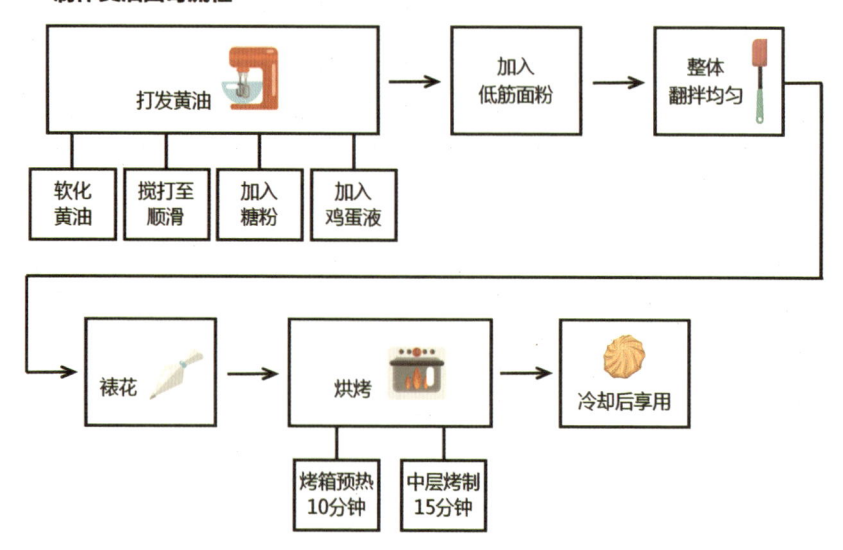

图 2.6-6 "流程图画图方向不唯一"参考图例：从左到右

第二章 八大思维导图，让孩子的思考"理得清，看得见"

● "从上到下"：使用这种纵向的图示方法，从视觉角度上看，信息的呈现更加集中。比较适用于公共指南信息，比如某机构的网上报名流程，能够让观众更加快速地抓取重要信息和关键步骤。

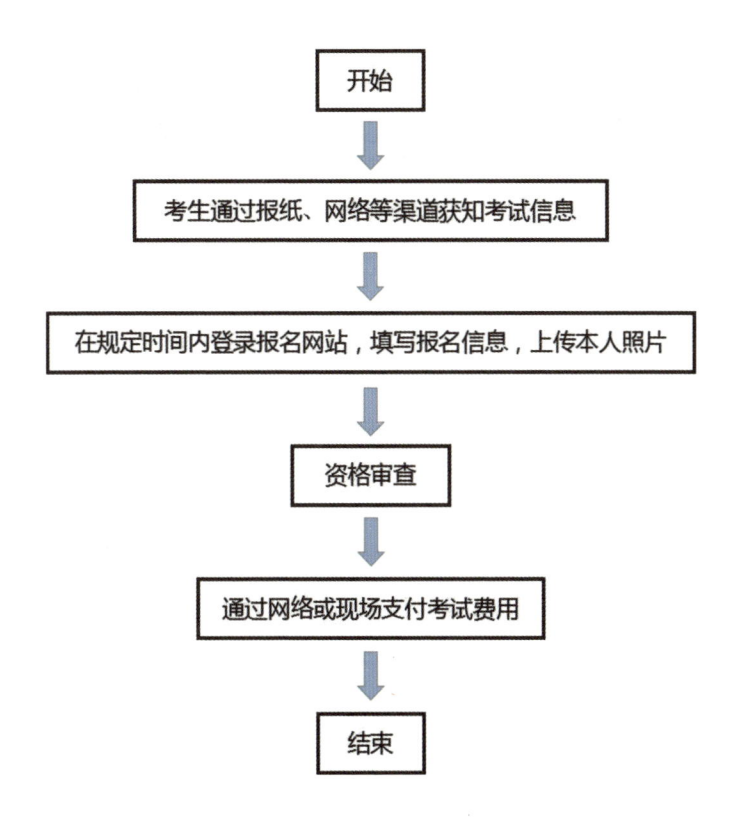

```
开始
  ↓
考生通过报纸、网络等渠道获知考试信息
  ↓
在规定时间内登录报名网站，填写报名信息，上传本人照片
  ↓
资格审查
  ↓
通过网络或现场支付考试费用
  ↓
结束
```

图 2.6-7 "流程图画图方向不唯一"参考图例：从上到下

● "循环往复"：所有方框形成一个闭环，没有明确的"第一步"和"最后一步"，这种图示用来表示循环性发展的事件。例如，在描述易拉罐回收处理的流程时，用循环往复的流程图画法来表示易拉罐从"生产—消费—回收—再生产"这样一个循环往复的流程，简洁易懂。

图 2.6-8 "流程图画图方向不唯一"参考图例：循环往复

以上提到的三种画图方向，相较而言，"从左到右"或者"从上到下"的线性画图方式，具有更好的延展性，便于随时补充新内容，而循环流程图的图形结构相对固定，更适合用来表现物品回收，或者是动植物生命周期这一类主题。

虽然标准的流程图采用了"从左到右"的线性方向，但家长在引导孩子画图的时候，除了遵循个人画图习惯，还可以根据具体的思考主题，选择最适合的流程图表现方式。

挑战任务

到这里，你已经了解了流程图的三要素，也明白了流程图的应用场景有哪些。现在到了实际操作的环节，不如尝试着从以下四个挑战任务中挑选出感兴趣的话题，来引导孩子画图思考吧！

任务一 期待已久的暑假就要到了，你有想去旅游的城市或国家吗？如果让你来安排行程，你想去参观当地的哪些景点呢？根据不同景点的开放时间和距离远近，你会怎样设计参观顺序？用流程图来帮助你梳理一下吧！

任务二 你最近读过的最有趣的一个故事是什么？画一个流程图，把故事发生的起因、经过、结果概括出来吧！

任务三 有了地铁之后，出行变得更加方便，再也不用为拥堵的交通而烦恼了。不过，你知道地铁列车到达终点站之后，是怎样实现"掉头"的吗？分为多少个步骤？把你查到的答案做成流程图吧！

任务四 端午节快到了，你知道端午节吃的粽子是怎么做出来的吗？快去问问妈妈，查查资料，用流程图做个介绍吧！

因果图（因果思维）

情境导入

> 关于孩子上学迟到，不少家长都有感触：每天早晨七点就开始叫孩子起床，可怎么也叫不起来。好不容易起床了，孩子做起事情来也总是磨磨蹭蹭的，刷牙、洗脸、吃早餐，事事都要家长跟在孩子后面催；出门前孩子还要对衣服挑剔一番，这件不好看，那件也不要……怎样才能避免孩子上学迟到呢？

由于孩子年龄比较小，缺乏时间观念，不会像成年人一样对时间有紧迫感，能想到的只有眼前的事情。为了避免上学迟到，不但家长要采取措施，孩子自己本身也要对迟到这件事有所认知，只有清楚地了解哪些原因可能导致上学迟到，迟到后又会对自己造成什么影响，孩子才会有意识地主动改正自己的不良习惯。作为家长，在孩子思考的过程中，你会向他提出哪些问题，来帮助他分析上学迟到的原因和结果呢？不如尝试提出以下问题吧：

- 回想一下，你今天上学为什么会迟到？
- 你知道上学迟到会带来哪些不好的结果吗？
- 既然迟到会被老师批评，而且也影响学习，怎么来改正迟到的坏习惯呢？

第二章 八大思维导图，让孩子的思考"理得清，看得见"

用因果图怎么画

通过思考这些问题，我们把上学迟到的原因，以及迟到带来的影响都列出来了。现在，怎么把这些思考结果呈现到思维导图上呢？跟着以下四个步骤，一起来画一下吧。

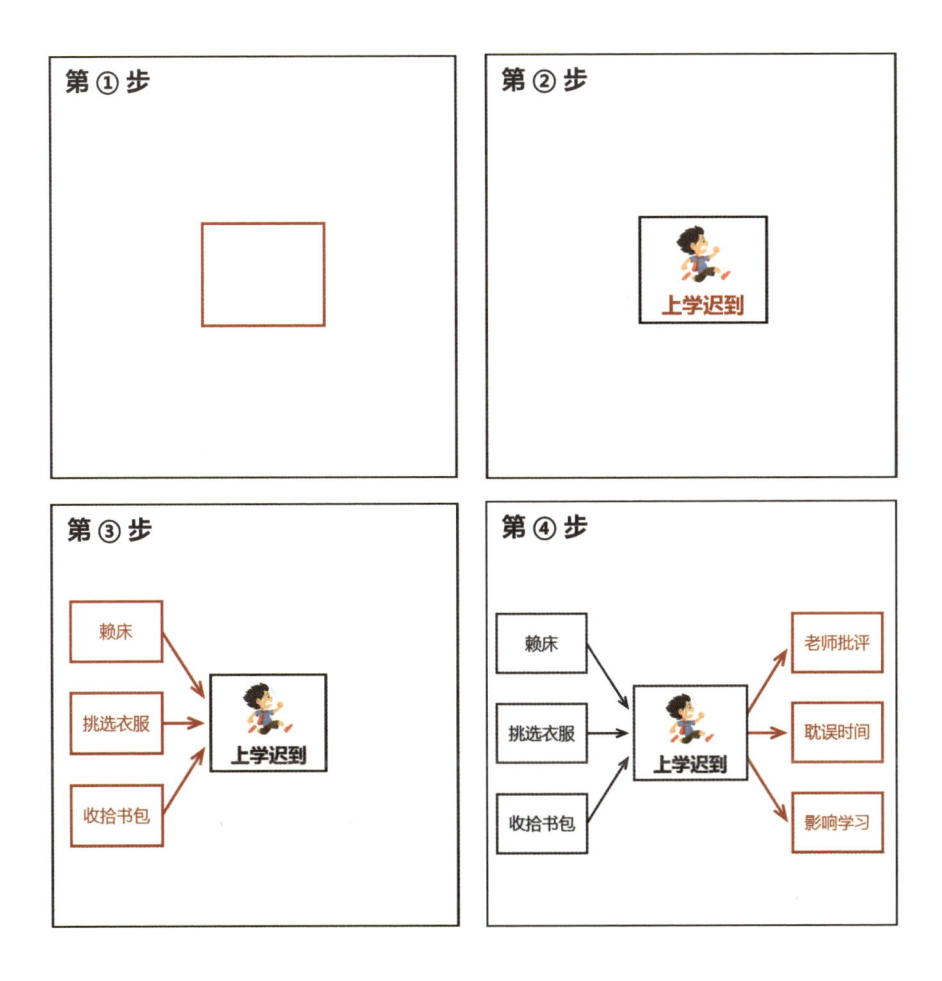

图 2.7-1 因果图的画图步骤

第一步：在白纸的中心画出中心方框，左右两边都留出了足够的空白区域。

第二步：在中心方框里写出要分析的事件，也就是图的中心主题，例如：上学迟到。

第三步：画出左边的方框，并在方框中写出引起这个事件的原因。一个方框表示一个原因，用右箭头连接到中心方框，表示原因关系。

第四步：画出右边的方框，在里面写出这个事件所带来的结果。同样地，一个方框表示一个结果，最后用右箭头与中心方框连接，表示结果关系。

至此，一个分析上学迟到的因果图就画完了。图示由左、中、右三个部分组成，中心方框是事件主题——上学迟到，左边方框中的内容是这一事件发生的原因，右边方框中的内容则是这一事件造成的结果，而左右两边的箭头线始终保持一致——从左到右。用因果图这样理过之后，孩子可以很清楚地看到，究竟是哪些原因导致上学迟到，以后做这几件事时动作需要麻利点儿，另外也强化了迟到的后果，如果孩子在意这些影响，那改正的决心就更大了。

相信大家也看出来了，因果图就是用来帮助我们分析事件发生的原因和结果的思维导图。

因果图是由方框和箭头构成，图示形式跟流程图有些类似，但其中的箭头线表示的不单单是顺序，更是事件与事件之间的关系，即因果关系。

另外，要注意的是，因果图中的原因和结果并不需要保持一一对应的关系。

因果图三要素

要素一　定义

因果图的定义是，可视化地表示分析原因和结果（Cause and Effect）的思维过程。

根据情景导入的例子及因果图的定义，我们可以知道，因果图能帮助孩子分析某件事情发生的原因是什么，同时思考这件事情会带来什么结果或影响。通过逻辑分析，让孩子能够有理有据地表达自己的观点，并且找到有效解决难题的办法。此外，一件事情发生的原因、产生的结果可能是多方面的，在辩证分析的过程中，可以帮助孩子锻炼多向思维。

要素二　思维关键词

因果图的思维关键词有两类。一类是关于"原因"的关键词，例如为什么、原因、来历；另一类是关于"结果"的关键词，例如导致、影响、后果。

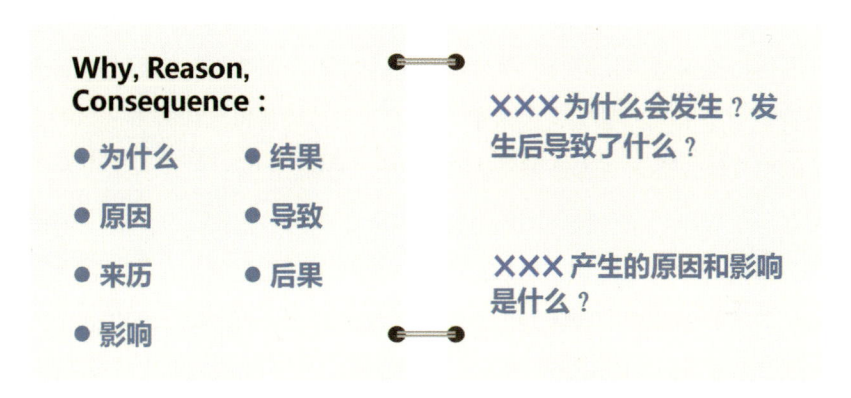

图 2.7-2 因果图的思维关键词

要素三　引导问题

当你想让孩子全面分析一个事件产生的原因，以及带来的影响时，使用因果图思维关键词，就可以提出因果图的引导问题。例如，大街上常常会发生交通拥堵的情况，那么交通拥堵的原因有哪些呢？交通拥堵又会造成什么影响呢？你能想出什么合理的解决办法吗？

类似这样的问题，能给孩子发出一个指示明确的信号：嗯，现在我需要对某一个事件做因果分析，最适合帮助我思考的是哪种图呢？根据因果图的定义和它的功能，孩子很快就能反应过来，选择因果图肯定没错。

应用场景

现在，我们已经了解了因果图的三要素，解决了在什么情况下可以选择因果图的问题。那么就来尝试看看，在下面的三个场景中，应该怎样引导孩子用因果图解决问题。

孩子受益一生的思维力

场景一 假如孩子突然提出，想在家里养一只小狗。但你担心孩子可能只是头脑发热，热情一过就撒手不管了。在这种情况下，你会用什么问题来启发孩子思考，合理地做出是否养狗的决定呢？

相信很多爸爸妈妈都经历过孩子执迷于养宠物的时期，并且很大概率，父母总有一方会持反对意见。但换个角度看，这反倒是一个锻炼孩子独立思考的契机，不妨试着先放下大人的偏见，跟孩子一起坐下来，认真思考和分析一下养宠物这件事情的可行性，再来决定是否要给家里增添一位新成员。

听到孩子提出想做一件事情的时候，作为家长，一般都会先试图了解孩子想要做这件事情的原因是什么。例如：你为什么想要养小狗呢？是不是因为最近读过的某个关于狗的故事？或者，你是看到小伙伴养了一只小狗，觉得它很可爱，对吗？还是有其他特别的原因呢？通过这些问题，让孩子表达出自己内心的想法，剖析一些想法产生的原因，同时，家长也能够了解到孩子实际的需求和动机。

了解了原因，家长还可以进一步问问孩子：养了小狗以后，家里会出现哪些变化呢？你需要做什么？爸爸妈妈又需要做什么呢？这一类问题，就是在启发孩子去思考，他决定做这件事情以后，可能会带来的影响有哪些。

同时，一件事情所带来的影响是具有双面性的，既有积极影响，也有消极影响。诚然，让孩子参与到养宠物的过程中，有助于培养他的爱心和责任心，是件好事。不过养宠物并不是只有快乐，也伴随着很多困扰，这些很可能是孩子没有想过的。这时候，家长不妨给孩子提出一个稍有挑战的难题：如果狗狗有时候不听话，咬坏你的书或玩具，你会怎么办？而且狗狗在换毛时还会掉很多毛，这种情况该怎么处理呢？面对这些不好的影响，如果孩子能给出一个不错的解决方案，比如把自己喜欢的玩具和书收拾好，不让小狗随便抓咬，掉毛严重的话跟爸爸妈妈一起收拾房间，那就证明孩子提出养小狗不是头脑发热之下做出的决定，而是经过了深思熟虑，也做好了迎接一只小狗的准备。

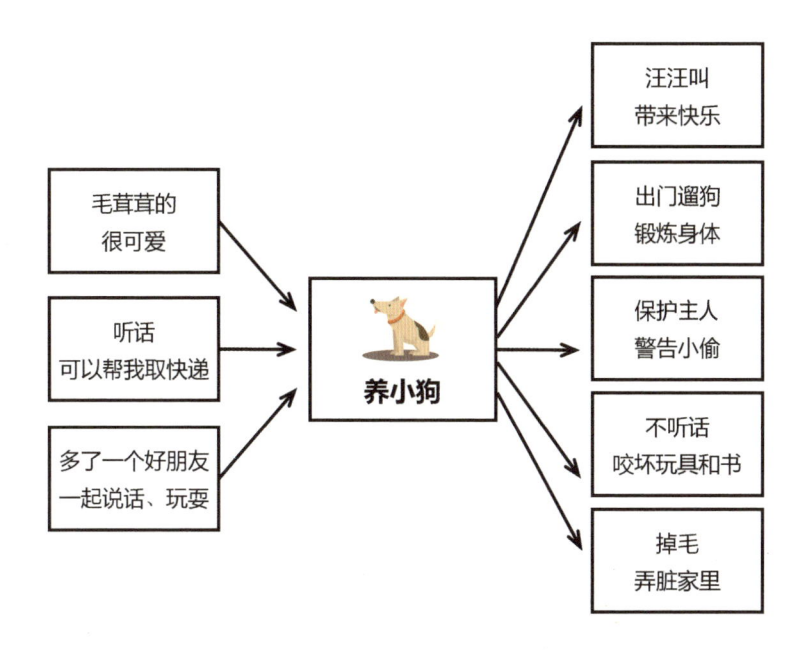

第二章 八大思维导图，让孩子的思考"理得清，看得见"

```
毛茸茸的                              汪汪叫
很可爱                                带来快乐

                                     出门遛狗
听话                                  锻炼身体
可以帮我取快递    →   养小狗   →
                                     保护主人
                                     警告小偷
多了一个好朋友
一起说话、玩耍                         不听话
                                     咬坏玩具和书

                                     掉毛
                                     弄脏家里
```

图 2.7-3 "分析养宠物的动机和利弊"因果图参考图例

经过家庭讨论，孩子思前想后，辩证地分析了为什么要养宠物，以及养宠物会带来哪些影响，并且用因果图将分析过程表示出来。像这样，分析事件产生的原因和影响，可以帮助孩子做出一个理智的选择。

场景二 雾霾天真让人讨厌，只能整天待在房间里，出门还要戴口罩。有一天，孩子放学后回家抱怨：学校一年一度的运动会被取消了，就是雾霾惹的祸。怎样利用因果图，来帮助孩子理解雾霾这个复杂的天气现象呢？

说起雾霾，真的是许多城市居民的共同烦恼。每到雾霾天气，家里不敢开窗户，孩子的户外活动也被迫取消，医院人满为患，汽车限行区域开始扩大……可以说，雾霾已经不再是一个单纯的天气现象，而是凸显一系列社会问题的一角冰山了。当孩子也开始抱怨不能出去玩，戴口罩不舒服的时候，我们如何利用因果图，来跟孩子聊一聊雾霾，辩证地看待这个现象呢？

孩子受益一生的思维力

雾霾带来的影响是显而易见的，不如就从孩子最直接的感受开始说起：

"除了运动会被取消让你不开心外，雾霾对我们的生活还有哪些影响呢？"

孩子说，戴着口罩很不舒服，班上因为雾霾而生病的同学增多了，外面空气质量太差，不敢打开窗户，家家户户都需要二十四小时开着空气净化器，那么空气净化器的销量一定很好，这可是一门好生意。孩子倒是很有商业头脑。

"那么，你知道为什么最近这段时间有雾霾吗？是什么导致了雾霾的产生呢？"

孩子首先想到了建筑工地的扬尘，因为家附近正在修建地铁，经过的时候总要捂着鼻子。除了建筑工地扬尘，大多数燃油汽车排放的尾气也是雾霾出现的一个重要原因。

说完这两点，孩子就想不出更多的原因了，这时候可以给他一个提示："雾霾的形成和天气有关系吗？"

这下孩子的思路转换到了科学的角度，想到了成都是盆地地形，空气不容易流通。而且最近都没下雨，也没有风，所有的灰尘都积压在空气里。这些因素加重了雾霾。

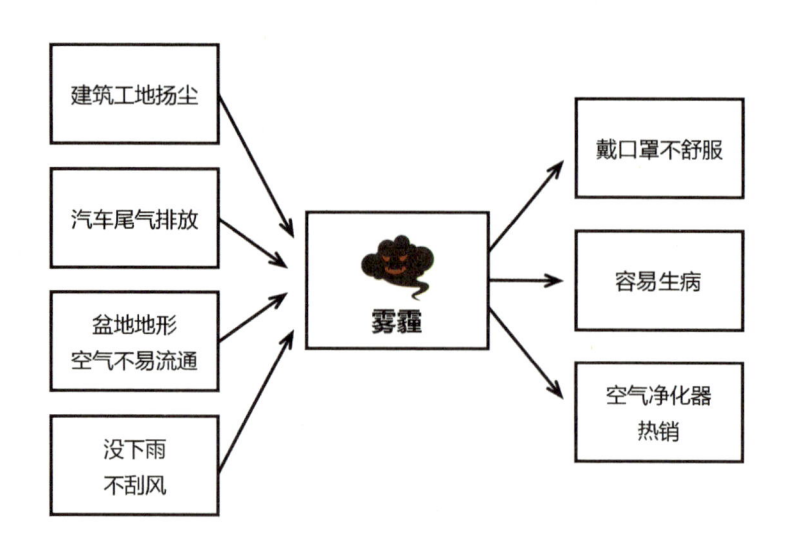

图 2.7-4 "分析雾霾"因果图参考图例

第二章 八大思维导图，让孩子的思考"理得清，看得见"

我们对一个事件做因果分析的目的，除了要深刻认识事物的本质，还要从中寻找解决方法。

"既然雾霾带来的影响这么大，人们可以做出哪些措施，来应对雾霾呢？从形成原因来看，怎样可以减轻雾霾呢？"

从形成原因来思考，孩子想到了要少开车，减少尾气排放，还可以普及新能源汽车，因为他注意到在马路上、停车场里，挂着绿色牌照的新能源汽车越来越多；建筑工地要多洒水，减少扬尘；如果持续不下雨，就要考虑实施人工降雨了。

从造成的影响来思考，孩子想到了学校要安装新风系统，在实现教室通风的同时，能够对室外空气进行过滤；而自己也要多喝水、补充维生素C、多锻炼增强免疫力等，这些都是应对雾霾的好办法。

从孩子身边一个令他有感触的事件出发，在因果图的帮助下，带着他做辩证分析，引导他将对生活的抱怨情绪转化为思考、解决问题的积极态度，真是一举多得。

场景三 孩子长蛀牙是一件让爸爸妈妈们揪心的麻烦事。孩子牙齿疼起来时哇哇大哭，大人也帮不上忙，只能在一旁干着急。去看牙医吧，在医院排队费时费力不说，牙医治疗的过程也让孩子够难受的。怎么才能让孩子增强护齿意识，用实际行动远离蛀牙呢？

要想让孩子远离蛀牙，关键还是要孩子自己意识到蛀牙的危害是什么，也要知道哪些不良的生活习惯可能会导致蛀牙。在画因果图时，我们一般会先思考引发这个问题的原因是什么，再来分析导致的结果有哪些。

长蛀牙的原因涉及多个方面，例如在饮食习惯上，有的孩子是甜食爱好者，特别爱吃糖、巧克力，喝饮料，那么这些食物中的糖分在口腔里被分解后，产生的酸性物质会破坏牙釉质，逐渐形成蛀牙。在生活习惯上，孩子刷牙偷懒，或是刷牙方法不正确，都会容易诱发蛀牙。另外，蛀牙在形成的早期没有明显症状，孩子也不知道自己长了蛀牙，当蛀牙侵蚀到牙本质层时，才会出现遇到冷、热、酸、甜而疼痛的情况。所以，家长应该注意孩子的口腔卫生和保健，每年带孩子去做口腔检查，及早发现，及早治疗。长蛀牙会带来很多烦恼，如果家里有孩子正好长了蛀牙,感受会更加深刻:牙齿会非常疼,好多美食都吃不了,如冰淇淋、巧克力蛋糕。而且长了蛀牙后,牙齿上会有个黑色的洞,难看极了。而且补牙时,治疗机钻牙齿的感觉真叫人难受。

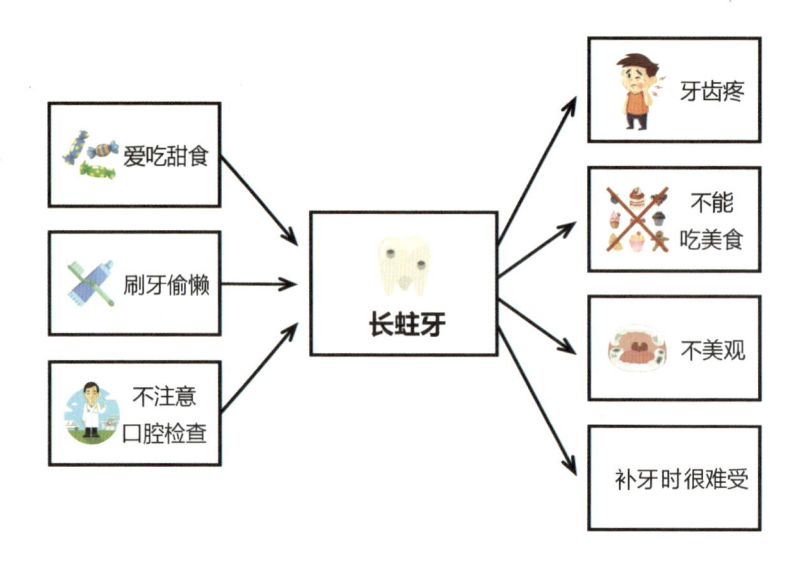

图 2.7-5 "分析蛀牙"因果图参考图例

对于已经长了蛀牙的孩子,让他去思考分析长蛀牙的原因和结果,能帮助他正视问题,改正自己的不良习惯,用实际行动远离蛀牙。对还没有长蛀牙的孩子,通过因果分析,能够了解到长蛀牙带来的危害,提高自己的护齿意识,从源头开始:少吃甜食、认真刷牙、定期做口腔检查,远离长蛀牙的烦恼。

知识拓展

一个完整的因果图,包括了左、中、右三个部分,既有原因也有结果。但是,在生活中,并不是所有的事情都需要同时关注原因和结果两个方面。当分析某些事情,我们只想关注原因或结果时,就可以选择单边因果图。

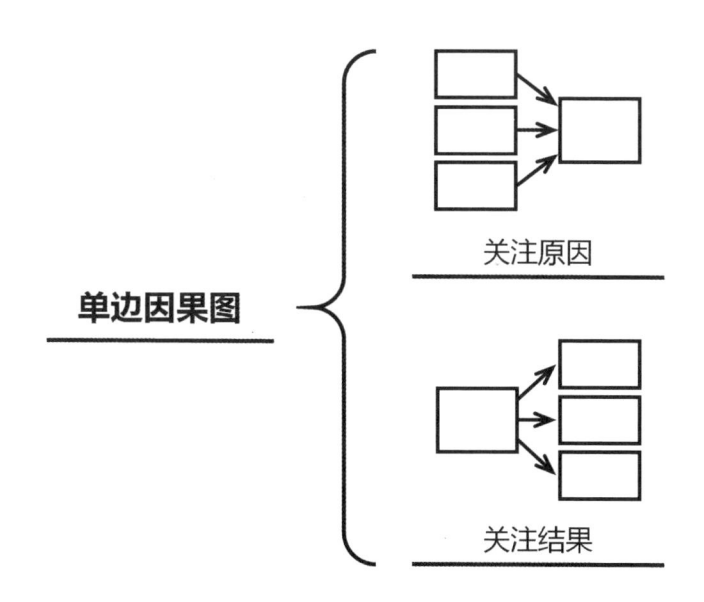

第二章 八大思维导图，让孩子的思考"理得清，看得见"

图 2.7-6 "单边因果图"参考图例

有一些事情，我们只关注它发生的原因，那就可以来画一个单边原因图。例如在思考身体健康这个主题时：我们要想保持身体健康，需要做什么？那么，在中心事件"身体健康"的左边方框里，可以列出原因，例如：多吃水果和蔬菜，少吃高脂肪的食品，注意卫生，并且尽量每天参加运动、加强锻炼，等等。像这样，左边的原因加上中间的事件，这两个部分就构成了一个单边原因图，只关注事情发生的原因。

与此相反，如果有一些事情，我们只想探究它发生后带来的结果，那就可以来画一个单边结果图。例如在学习行为管理时：如果我们友善地跟人说话，会发生什么？那在中心事件"与人友善说话"的右边方框里，可以列出所带来的结果，例如：会使人们心情愉快，并且对方也会以同样的善意来回应你，友善还会使你交到更多的朋友。像这样，右边的结果加上中间的事件，这两个部分就构成了一个单边结果图，只关注事情发生的结果、带来的影响。

从思维训练角度来说，家长要尽量鼓励孩子思考事情的前因后果，并且是多因多果。但同时也要清楚，在因果分析中不一定要同时关注原因和结果，应该根据实际问题，来灵活引导孩子运用单边或双边因果图。

挑战任务

到这里，你已经了解了因果图的三要素，也明白了因果图的应用场景有哪些。现在到了实际操作的环节，不如尝试着从以下四个挑战任务中挑选出感兴趣的话题，来引导孩子画图思考吧！

任务一 近几年，随着电池技术的发展和充电桩的扩建，街上见到的电动汽车越来越多。人类为什么要发明电动汽车呢？想想当下和未来，你认为电动汽车将会对我们的生活、社会，甚至是地球生态带来哪些新的影响呢？请用上今天学习的因果图，将你的思考结果呈现出来。

任务二 班上越来越多的同学开始戴眼镜了，你知道近视的原因是什么吗？近视之后会有哪些影响呢？思考一下，把你的分析结果记录到流程图上吧！

任务三 转眼又到了炎热的夏天，一不留神就被蚊子叮了个包，奇痒难耐。你知道为什么夏天的时候蚊子特别多吗？蚊子带来的影响有哪些？请查找一下相关资料，将你获得的信息用因果图表示出来。

任务四 最近，爸爸或妈妈对你发过脾气吗？你还记得他（她）发脾气的原因是什么吗？如果爸爸或妈妈生气了，后果会怎么样？反思一下自己的行为，把你猜想和分析得出的结果都画到流程图上。

桥形图（类比思维）

情境导入

> 有一次在饭桌上，孩子突发奇想，问了一个问题："人为什么要吃饭呀？"如果你是孩子的家长，会怎样来解释清楚呢？

当孩子对一个全新的、抽象的知识不够理解时，我们常常会用一个他已知的、熟悉的知识来做桥接和串联，让他发现原来这两个知识之间是存在着类似关系的，这样孩子理解起来就非常容易了。例如，人要吃饭，就像汽车要加油，汽车没有燃料之后，就没办法前进了。你想想，如果人不吃饭的话，会怎么样呢？当孩子理解吃饭的目的是提供能量后，可以进一步引导他去找出具有相同关系的另一对事物：还有什么东西是缺乏能量就无法工作的呢？孩子在家里找了一遍，拿出自己平时玩的平板电脑，说："平板电脑要是不充电，就没法用了，跟人要吃饭是一样的道理。"

用桥形图怎么画

通过类比推理，我们解答了孩子的"十万个为什么"之一：人为什么要吃饭？

现在，怎么把这些思考结果以及类比关系呈现到思维导图上，让孩子看得更明白，理解得更透彻呢？跟着以下四个步骤，一起来画一下吧。

图 2.8-1 桥形图的画图步骤

第一步：画出一条横线（桥身），在上下位置写出第一对事物。

第二步：写出这对事物之间的相关因素"RF"（Relating Factor）。例如：提供能量。

第三步：画出尖角符号（桥拱），在下面写上 as，表示"相当于、就像"。

第四步：根据相关因素"RF"，类推写出具有相同关系的第二、第三对事物，长度没有限制，可以平行并列画出多座桥。

至此,一个关于跟孩子解释"人为什么要吃饭"的类比桥形图就画完了。

类比关系对孩子来说相对陌生,常常需要家长用一大段话去帮助他理解一个新概念,而桥形图的优势就在于,通过一座长长的桥,可以把一对又一对具有类似关系的事物连接起来,简明扼要地帮助孩子用已有知识去类比理解新知识。而桥形图里的相关因素"RF"也时刻提醒着孩子,画在桥上桥下的信息,它们之间的关系一定要符合自己写出的"RF"。

桥形图三要素

要素一 定义

桥形图的定义是,可视化地表示事物之间类比、类推关系(Seeing Analogies)的思维过程。

根据情景导入的例子及桥形图的定义,我们可以知道,桥形图能帮助孩子分析、寻找事物之间的联系,通过类比,对新旧知识进行串联和归纳。另外,桥形图还可以帮孩子通过类比关系,用熟悉的知识去理解抽象概念,延伸学习新知识。

要素二 定义思维关键词

桥形图的思维关键词常常和"关系"、"类比"等词语有关,例如规律、相关性、类推、推出。

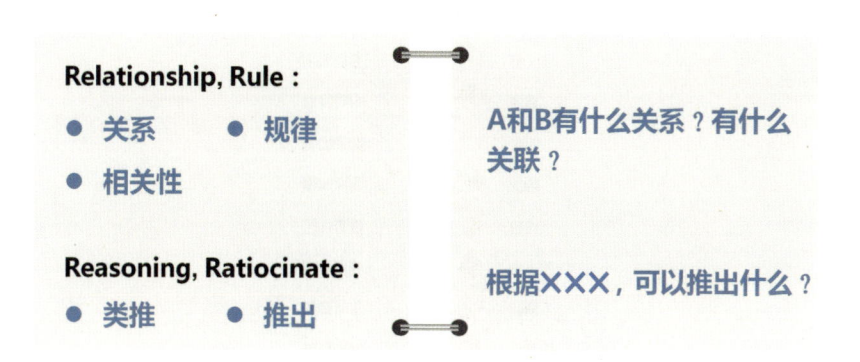

Relationship, Rule:
- 关系
- 规律
- 相关性

A和B有什么关系?有什么关联?

Reasoning, Ratiocinate:
- 类推
- 推出

根据×××,可以推出什么?

图 2.8-2 桥形图的思维关键词

孩子受益一生的思维力

要素三　引导问题

桥形图帮助孩子找出事物之间的相关因素，并以此类推出其他组合，所以组合使用桥形图思维关键词，就可以提出桥形图的引导问题，帮助孩子找出事物之间的相关关系，串联新旧知识。例如，当孩子不了解"地标建筑"是什么意思时，你可以这样来引导他思考：说起北京，你最先想到的建筑是什么？类似地，你可以推出上海的地标建筑是什么吗？

类似这样的问题，能给孩子提供一个明确的信号：嗯，现在我需要理解一个陌生又复杂的概念，最适合帮助我思考的是哪种图呢？根据桥形图的定义，以及它独特的样子和功能，孩子很快就能反应过来，选择桥形图准没错。

应用场景

现在，我们已经了解了桥形图的三要素，解决了在什么情况下可以选择桥形图的问题。那么就来尝试看看，在下面的三个场景中，该怎样引导孩子用桥形图解决问题。

场景一　请把左边的动物和右边的词语用线连起来。

连线题：

喜鹊	人之良友
狗	生命火花
黄牛	乖巧伶俐
鸽子	勤劳团结
蚂蚁	吉祥如意
松鼠	任劳任怨
萤火虫	威风凛凛
海鸥	友谊使者
百灵鸟	搏击风浪
狮子	鸣声悦耳

图 2.8-3 词语连线练习

108

第二章 八大思维导图，让孩子的思考"理得清，看得见"

这是小学语文里常做的词语连线题：左边一列动物，右边一列形容词，找出对应的一组并画出连线。连线题是训练类比思维常用的一种办法，启发孩子去思考哪些信息具有相关性，可以进行配对。但是在这类题目的考核中，孩子只关注连线的结果，凭借着语感或生活常识去做题，而缺乏深层次的思考，不知其所以然，例如：为什么要这样配对？配对的依据和原则是什么？

在这种情况下，家长可以有意识地把连线题转换成桥形图，去促使孩子思考配对的事物存在什么相关关系？例如：想一想，狮子和威风凛凛之间有什么相关关系呢？为什么要把它们进行连线配对呢？孩子会去想，在科普纪录片里常常看到狮子体格雄健，在争夺猎物时行动敏捷、很有气势，而在课本上也看到过用威风凛凛去形容一个人的样子。所以，狮子和威风凛凛的关系就是"象征意义"，狮子象征着威风凛凛。而在电影《南极大冒险》里，八条雪橇犬与探险队员互救互助、不舍不弃，体现出了狗是人类的忠诚好友。喜鹊叫起来的声音是"喳喳喳喳"，有点像在说"喜事到家"，而且在牛郎织女的故事里，他们每年七月初七会面的地点就叫"鹊桥"，所以喜鹊象征着吉祥如意。

狮子 as 威风凛凛 — 狗 as 人之良友 — 喜鹊 as 吉祥如意 — 黄牛 as 任劳任怨 — 鸽子 友谊使者

蚂蚁 as 勤劳团结 — 松鼠 as 乖巧伶俐 — 萤火虫 as 生命火花 — 海鸥 as 搏击风浪 — 百灵鸟 鸣声悦耳

RF： 象征意义

图 2.8-4 "动物象征意义"桥形图参考图例

通过画桥形图，孩子把四字词语按照"象征意义"的关系成对串联、归纳起来。

并且，这个桥形图还可以根据孩子知识的不断积累，继续延伸下去，做成一个与动物相关的主题词库。与连线题相比，这种方式理解起来更加直观，同时又很方便查找和记忆。

场景二　有一天，孩子好奇地问："爸爸妈妈每天都在哪里上班，上班都在做什么？"与其跟孩子解释职业是什么，不如索性带他去儿童职业体验馆，把各种社会职业都体验一番，也正好看看他对哪个职业更感兴趣。不过玩乐过后，孩子有可能就把这件事翻篇了。在这种情况下，你会用什么问题来启发孩子思考、总结出体验活动的收获呢？

当我们想让孩子做总结和归纳的时候，很关键的一点就是要给孩子指出一个具体的思考方向。比如在儿童职业体验这件事上，你最想让孩子了解到的是什么？比如：你知道在社会上都有哪些不同的职业吗？你知道从事不同职业的人都在哪些地方工作吗？又或者：从事不同工作的人，每天要做什么事情？提出这些问题，都是在试图让孩子思考、找出特定职业和工作地点或是工作内容存在着的关系，从而进行配对。

假设我们想让孩子了解到的是，不同职业对社会贡献的价值。那么，给孩子提出的具体思考方向就是"不同职业能帮助人们做什么"。首先，可以来问一下："今天在职业体验馆体验到的不同职业里，让你印象最深的是哪个职业？"假设孩子回答说是机械工程师，接下来就可以提出第二个问题："那机械工程师可以帮助人们做什么事情呢？"孩子通过回忆自己的职业体验过程，找出了第一对事物的相关关系：机械工程师能帮助人们设计、制造机器。"那么，根据机械工程师可以帮助人们设计、制造机器，你从今天的职业体验里，还能找出其他有类似关系的例子吗？"孩子由此归纳出了更多的内容：银行职员可以帮助人们管理金钱，飞行员可以帮助人们快速到达远方……

第二章 八大思维导图，让孩子的思考"理得清，看得见"

机械工程师	银行职员	飞行员
设计、制造机器	管理金钱	快速到达远方

烘焙师	园艺师	记者
制作美味糕点	打造花园	记录、传播新闻

RF：能帮助人们

图 2.8-5 "理解社会职业"桥形图参考图例

通过对职业体验的归纳总结，孩子不但知道了社会上存在着丰富多样的职业，而且了解到不同职业的意义和创造的价值，对未来的个人职业选择，也算有了初步的思考。

场景三 孩子今天在英语课上学习了各种方位介词，回家检查英语作业时，发现他把好几个方位介词都填错了，看来还是没掌握好，怎么来帮助孩子记忆英语的方位介词呢？

英语方位介词在生活中的使用频率很高，但很多孩子在刚接触时总是容易混淆，导致口语表达时出错，不能把一个事物所处的位置关系清晰地描述出来。其实，在知识点的归纳总结方面，桥形图是一个好帮手。如果单纯从方位介词的字面意

111

义去背诵，既不好区分，也不利于孩子形成深刻记忆。而利用桥形图所代表的类比思维这一特点，我们可以把方位介词按照"反义词"的类比关系来让孩子成对联想记忆。同时，在画图的过程中，用简单的实物为孩子演示，意义相反的两个方位介词所对应的摆放位置是什么样子。

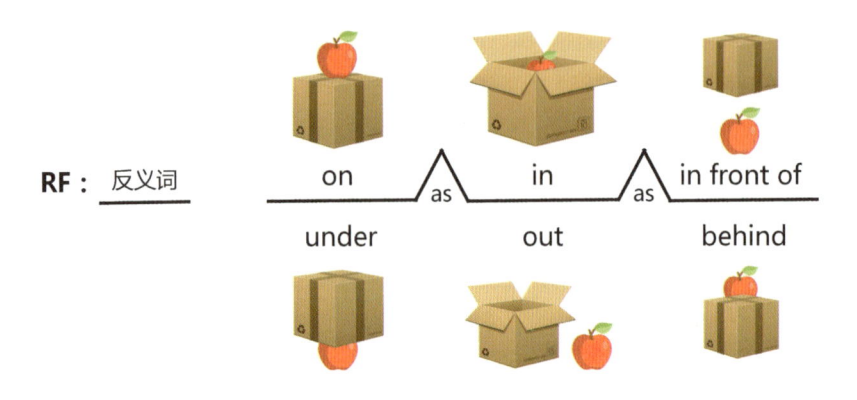

图 2.8-6 "理解记忆方位介词"桥形图参考图例

比起零散的、毫无关联的方位介词列表，用桥形图来帮助孩子成对理解、联想记忆方位词，可视化效果更加直观，也更容易帮助孩子理解每个方位介词所表示的位置关系。

知识拓展

在八个思维导图里，桥形图可谓是理解起来最有难度的一个思维导图。因为在日常生活中，类比思维的应用不是特别多，孩子自然会对类比关系感到陌生。除此之外，桥形图的组成元素看起来相对复杂一些，既有表示事物相关因素的"RF"，也有表示连接关系的"as"。而孩子在学习桥形图时，最大的难点在于，需要自己找到多对事物之间的相关因素，总结归纳出"RF"。对此，家长也不需要过于担心，帮助孩子思考、归纳"RF"有一个非常实用的小窍门——写出的"RF"，能够连接桥上和桥下的信息，组成一个完整的句子。例如在前面的应用场景二，引导孩子理解社会职业时，归纳的"RF"是，能帮助人们。我们就用上小窍门来检验一下这个"RF"是否准确。

"作为一种职业，机械工程师能帮助人们设计、制造机器，就像银行职员能帮助人们管理金钱，就像飞行员能帮助人们快速到达远方，就像烘焙师能帮助人们制作美味糕点，就像园艺师能帮助人们打造花园，就像记者能帮助人们记录、传播新闻。"在这一段话里，每一个句子读起来都是完整、通顺的，那么就证明"RF：能帮助人们"是正确的。反之，如果发现桥上桥下的信息，在加入写出的"RF"之后，读起来不完整、不通顺，那就表示"RF"的描述短语不合适，或者桥上桥下信息的关系不符合当前"RF"描述的逻辑。在这种情况下，家长就要引导孩子找到问题，做出相应的修改。

孩子在画桥形图时，必须掌握两个关键点：必须能清楚、准确地描述出事物之间存在的相关关系"RF"；根据这个关系，必须能类推出更多具有类似关系的其他事物。

挑战任务

到这里，你已经了解了桥形图的三要素，也明白了桥形图的应用场景有哪些。现在到了实际操作的环节，不如尝试着从以下四个挑战任务中挑选出感兴趣的话题，来引导孩子画图思考吧！

任务一 在写作中，比喻是一种常用的修辞手法，通过抓住不同事物的相似之处，对事物的特征进行描绘和渲染，给人带来鲜明而深刻的印象。根据太阳像火球一样，你还能想出更多的比喻，把桥形图画得更长吗？

孩子受益一生的思维力

RF：A像B一样　　　太阳　／＼as　　／＼as　　／＼as
　　　　　　　　　　火球

任务二　从古至今，人们会模仿一些生物的特殊本领，利用它的结构和功能原理来研究、发明新型技术产品，提高工作效率和质量。例如从蝙蝠利用超声波探测定位这一特点，人们受到启发，从而发明了雷达。你知道在生活中还有哪些仿生学例子吗？它们存在的相关关系"RF"是什么？请查找一下相关资料，把你的发现展示到桥形图上吧！

任务三　你认为小麦和馒头之间的关系是什么？根据这个关系，你可以类推出更多其他的事物吗？用上桥形图来帮助你进行思考吧！

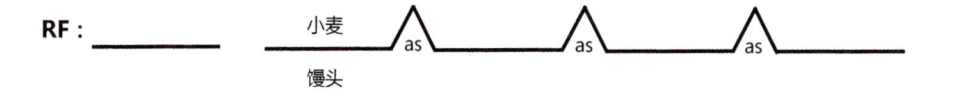

RF：＿＿＿＿＿　　　小麦　／＼as　　／＼as　　／＼as
　　　　　　　　　　馒头

任务四　自从有了支付宝，大家出门几乎都不带现金了，扫一扫二维码就能轻松付款，方便又快捷。可见，支付宝改变了我们的付款方式，以此类推，其他现代科技给我们生活带来的改变有哪些呢？画一个桥形图来呈现你的思考结果。

第三章

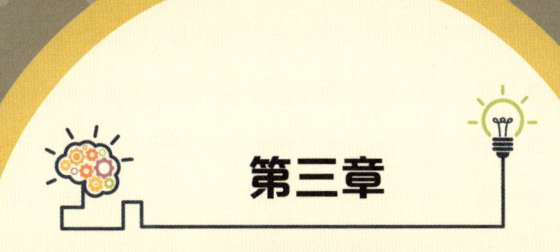

帮孩子"爱"上思维导图

做好三大区分，
让图示选择更加得心应手

思维导图总共有八种图示，虽然了解了每一种图示的定义和应用场景，但在实际操作中，仍可能有不少家长对其中的某些图示存在困惑。总的来说，最常见的困惑在于三组不同图示的区分，这里我们就简单称之为"三大区分"吧。

1. 同样锻炼发散思维，圆圈图和气泡图有什么区别？
2. 树形图和括号图都表示"分"，两种图的区别在哪里？
3. Thinking Maps 和 Mind Map 都被译作"思维导图"，这两者的差异点在哪里？孩子应该怎样来学习？

既然是两两比较，那马上来学以致用一下，接下来咱们分别用三个双气泡图，依次对"三大区分"进行深度对比。

圆圈图和气泡图的区别

圆圈图和气泡图都是由大小圆圈来组成的，信息都可以是360°分布的，这两种图之间究竟有什么区别？

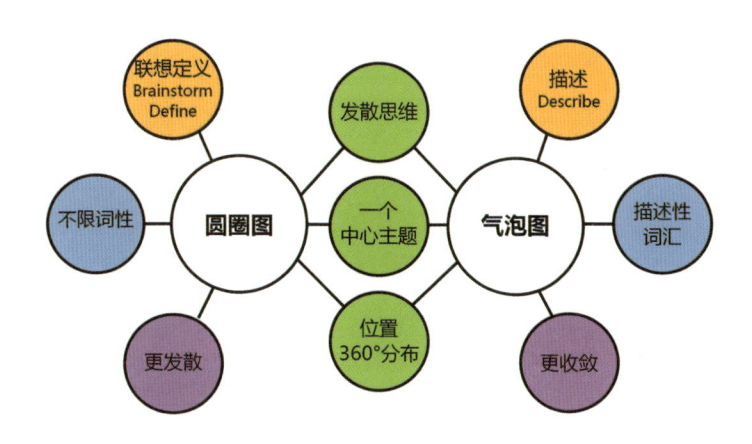

图 3.1-1 比较圆圈图和气泡图的区别

先看相同点：

上面的双气泡图中，中间的绿色小气泡代表圆圈图和气泡图的一些相同点。从思考过程上看，它们都是围绕着一个中心主题来展开发散联想，都能培养孩子的发散思维。另外，从信息的陈列方式上看，无论是圆圈图还是气泡图，我们联想到的所有信息，都是 360° 分布在中心主题外围的，没有层级之分。

再来看看两者的区别：

最上面的一对黄色小气泡，表示这两种思维导图对应的定义：圆圈图表示"联想和定义"的思维过程，而气泡图表示"描述"的思维过程，这是两种思维导图最本质的区别。

中间这一对蓝色小气泡，表示在这两种思维导图上书写信息时，所用到的不同词性。在圆圈图上，所有的信息都是不限词性的，只要是跟中心主题相关的任何信息，都可以放进大圆圈里。而在气泡图上，小气泡里的信息要求是描述性词汇，例如形容词或形容词短语等。

最后一点区别体现在下面这一对紫色小气泡上。正因为圆圈图对信息没有词性限制，使得它更适合用于联想、发散思考的场景，例如头脑风暴。和圆圈图相比，虽然气泡图也需要用到发散思考，但联想的范围要更收敛一些，小气泡里的信息更着重于对中心主题的特征描述。

我们可以通过以下两个图例来感受一下，在实际思考过程中，使用圆圈图和气泡图的区别在哪里。

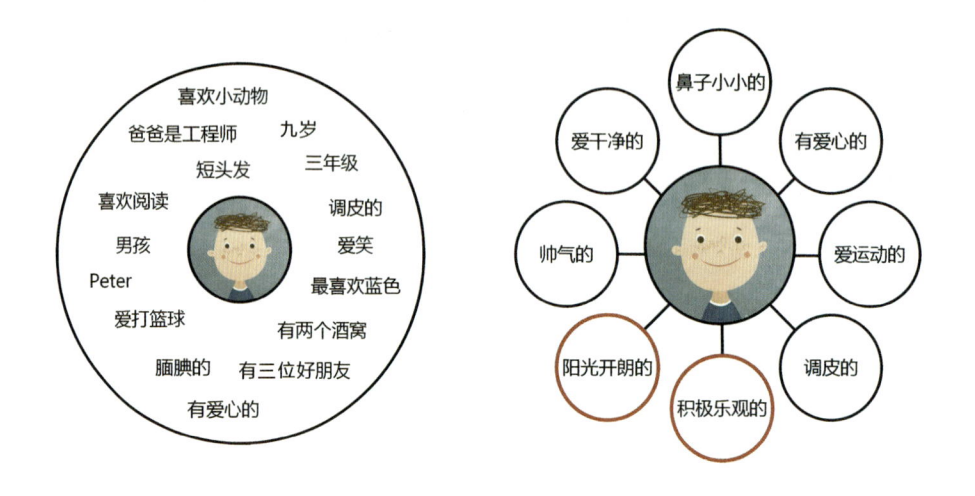

图 3.1-2 用圆圈图和气泡图来做自我介绍

假设你是这个小男孩 Peter 的朋友，你会怎么介绍他？发散思考这个问题，你既可以用圆圈图，也可以用气泡图。

在左边圆圈图里，你联想到跟 Peter 有关的各种信息，在这些信息里，既有陈述性的信息 ——九岁、短头发、有三位好朋友、爸爸是工程师，也有描述性的信息 ——调皮的、爱笑、喜欢阅读、爱打篮球。当你来向别人介绍 Peter 时，就会用到圆圈图中的这些内容。

而当你想更具体地介绍一下 Peter 这个人怎么样时，就会用到右边的气泡图来进行描述。同样是围绕 Peter 这个小男孩，气泡图的重点落在对中心主题的描述上，小气泡里的信息有 ——阳光开朗的、积极乐观的、爱运动的、调皮的，这些都是描述性的词语或短语，把 Peter 的性格特点都生动地描述出来了。

同时，因为气泡图侧重于培养孩子的描述思维，而我们在描述一个事物时，使用的词语当然越多样、越丰富越好。所以，当孩子想出一些口语化的描述信息时，家长可以有意地引导孩子做一下词语转换。例如："爱笑的"可以转换为更书面化的描述性词语 ——阳光开朗的、积极乐观的。类似这样的词语转换，可以帮助孩子不断学习和积累新的词语，在口语和写作表达上会更上一级台阶。

简单总结一下，圆圈图可以承载与中心主题相关的所有信息，在做头脑风暴、发散思考时，自由度更高。而气泡图是在圆圈图的基础上，对信息进行了筛选，只保留了描述性的信息，更适合对中心主题做特性描述。从这个意义上理解，气泡图的发散思考范围比圆圈图的更收敛。

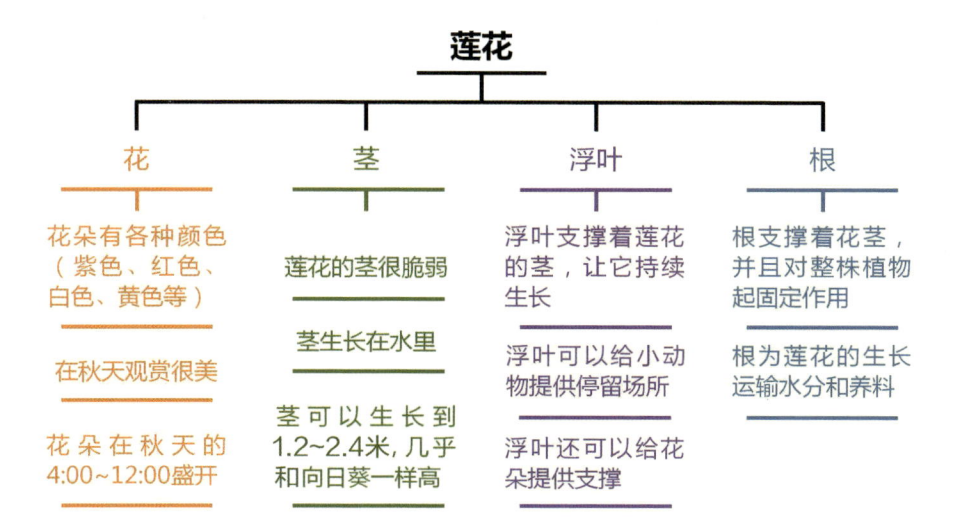

树形图和括号图的区别

树形图表示"分类"，括号图表示"拆分"，这两种图的思维类型，都和"分"有关，具体有什么差异呢？我们先通过两个图例，来感受一下。

```
                        莲花
        ┌───────────┬───────────┬───────────┐
        花          茎          浮叶         根

  花朵有各种颜色    莲花的茎很脆弱   浮叶支撑着莲花   根支撑着花茎，
  （紫色、红色、                   的茎，让它持续   并且对整株植物
  白色、黄色等）                   生长            起固定作用

  在秋天观赏很美    茎生长在水里    浮叶可以给小动   根为莲花的生长
                                  物提供停留场所   运输水分和养料

  花朵在秋天的      茎可以生长到    浮叶还可以给花
  4:00~12:00盛开   1.2~2.4米，几乎  朵提供支撑
                  和向日葵一样高
```

莲花 { 花 / 茎 / 浮叶 / 根

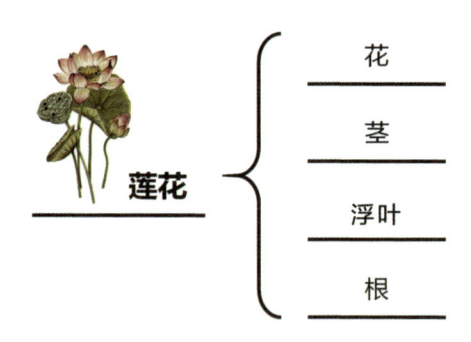

图 3.1-3 "莲花"树形图和括号图

上面的树形图和括号图都是以"莲花"为主题，对它的组成部分进行思考。既然是同样的主题，为什么会用两种思维导图来表达，它们之间有什么区别？

仔细观察后你会发现，这一页的括号图，是对莲花的物理组成进行拆分思考的。一朵莲花由花（flower）、茎（stem）、浮叶（lily pad）和根（roots）四个部分组成。这个括号图，强调对莲花整体与部分关系的认识和理解。

而上一页的树形图，它不但在树枝的位置上体现了一朵莲花的组成部分，而且在树叶的位置上，还列出了每一个组成部分的细节说明，包括莲花的科学数据、功能特点、生长习性等，强调的是对莲花的详细阐述、解释。

通过分析这两个例子，树形图和括号图的相同点和差异点也比较出来了。

先看相同点：

中间的绿色小气泡，代表着树形图和括号图的一些相同点。从思考过程上看，它们都是对中心主题进行"分"，都表示从一个主题分出其他信息。除此之外，在"分"的过程中，两个图都支持多层结构，可以逐层进行分级。树形图可以对主题进行多层级分类，括号图可以对主题进行多层级拆分。

再来看看两者的区别：

第一个不同点，括号图的"分"表示一个事物从整体到部分的拆分，比如认识莲花的组成部分有哪些。而树形图的"分"表示一个事物的多种分类标准，除了可以按整体与部分的关系进行分类，还可以按功能、性质进行分类，没有唯一的标准。

第二个不同点，括号图拆分出的各个组成部分之间是存在一定联系的。例如莲花的拆分、自行车的拆分、智能手机的拆分等，画在括号图上的每个组成部分彼此之间都是有物理联系的。而树形图则不一定，比如面对这样一个问题："你会怎么分类几何图形？"那么分类后，得出的四个类别，例如：圆形、三角形、正方形、长方形，它们之间就不存在联系，是彼此独立的，因为树形图强调分类标准的唯一性，不可以出现重叠、交叉。

第三个不同点，是关于两个图里信息的多样性。在括号图中，对拆分出的各个组成部分，强调的是名称、概念。例如莲花的花、茎、浮叶和根，这是四个组成部分的名称。而在树形图中，信息更加综合，既可以有名称、概念类信息，也可以有细节阐释信息。例如，在莲花树形图里，体现更多的是对每个组成部分的细节说明，如莲花的特点、生长习性等。

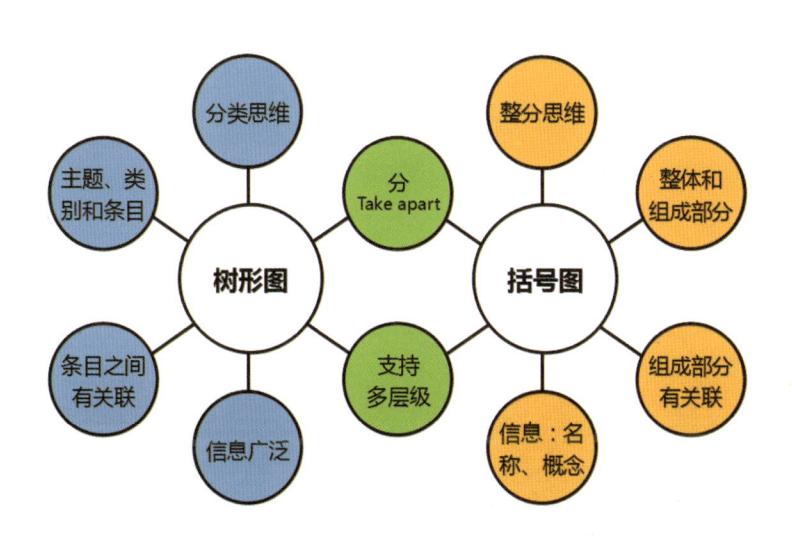

图 3.1-4 比较树形图和括号图的区别

Thinking Maps 和 Mind Map 的区别

在国内，Thinking Maps 与 Mind Map 都被翻译为"思维导图"，使得很多

孩子受益一生的思维力

人误以为它们是同一种思维工具。但事实上，这两种思维导图不仅起源不同，而且在图示特点、应用场景上都有较大差异。

首先，来简单了解一下被大众熟悉、已广泛应用的 Mind Map。

Mind Map 是英国的东尼·博赞先生在 20 世纪 60 年代发明的一种思维工具。最早，Mind Map 是为了解决大学生记录课堂笔记的困难——大学里要学习的知识很多，但大脑却无法消化所有内容。所以，东尼·博赞先生开始思考、探索记住所有信息的方法，在大学时，他曾经把一百页左右的课堂笔记简化成只有十页的关键信息。到了后来，Mind Map 逐渐发展，被运用到学习、写作、活动策划、项目管理、产品创意等各个方面，被认为是整理知识点、提高记忆力的高效思维工具。1991 年，东尼·博赞先生创办了世界记忆力锦标赛，Mind Map 开始走红全球。

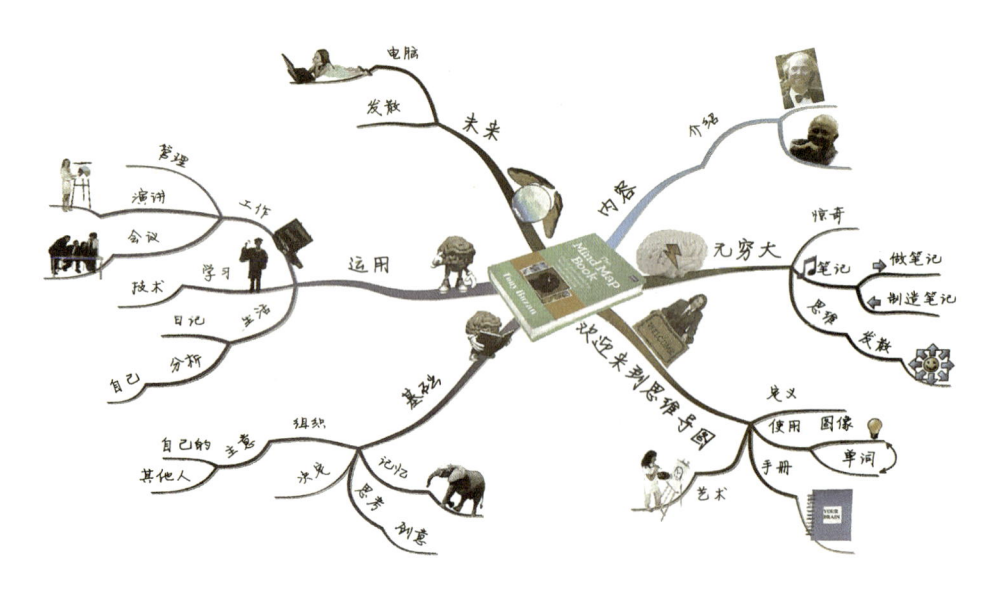

图 3.1-5 东尼·博赞为《思维导图》制作的概览

上图是东尼·博赞先生为他的著作 *The Mind Map book*（《思维导图》）制作的一张 Mind Map 图例。图上用不同颜色画出的六条主分支，代表这本书的六个主要章节。在每一条主分支下，又细分出多级小分支，列举出了每个章节的内容概述。借助这个图例，可以总结出 Mind Map 的三个显著特点：第一，注意力的焦点在中央图像上，强调从一个中心进行发散联想；第二，具有多级分支；第三，各个分支由关键词、线条、颜色和图案四种元素组成。

那么，本书介绍的 Thinking Maps 和 Mind Map 有什么区别呢？来看下面这个双气泡图对二者所做的系统比较。

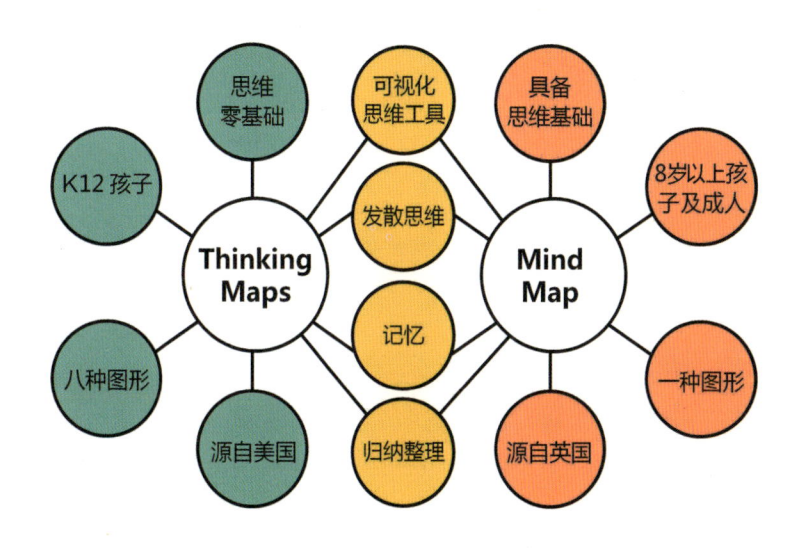

图 3.1-6 Thinking Maps 和 Mind Map 的区别

首先来看 Thinking Maps 和 Mind Map 的共同点：

它们都是可视化思维工具，都可用于发散思考。Thinking Maps 中的圆圈图和气泡图跟 Mind Map 类似，借助信息自中心向外围 360° 辐射的方式，来激发联想思考。同时，它们也都擅长对信息做归纳整理，进而辅助记忆。Mind Map 通过多层分级、颜色、图案等来整理信息。而 Thinking Maps 中的树形图和括号图，也能帮助我们从不同维度上归纳信息。例如图 3.1-7，用括号图对计算机进行多层级拆分，帮助孩子了解每一个组成部分的功能是什么；用树形图对书籍进

孩子受益一生的思维力

行多层级分类，让孩子学会分类整理自己的书柜。

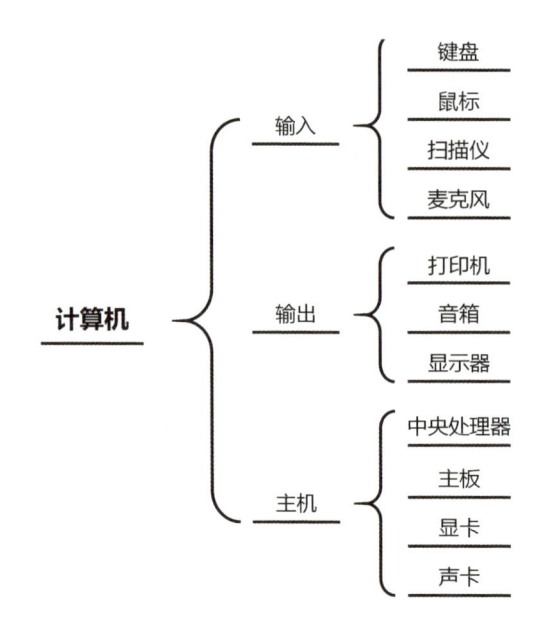

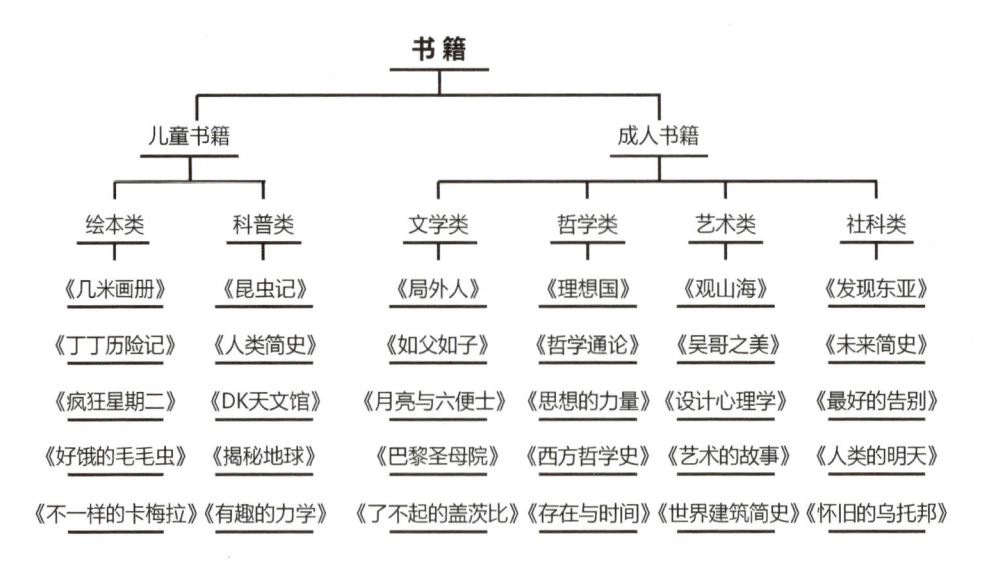

计算机
- 输入
  - 键盘
  - 鼠标
  - 扫描仪
  - 麦克风
- 输出
  - 打印机
  - 音箱
  - 显示器
- 主机
  - 中央处理器
  - 主板
  - 显卡
  - 声卡

书籍
- 儿童书籍
  - 绘本类
    - 《几米画册》
    - 《丁丁历险记》
    - 《疯狂星期二》
    - 《好饿的毛毛虫》
    - 《不一样的卡梅拉》
  - 科普类
    - 《昆虫记》
    - 《人类简史》
    - 《DK天文馆》
    - 《揭秘地球》
    - 《有趣的力学》
- 成人书籍
  - 文学类
    - 《局外人》
    - 《如父如子》
    - 《月亮与六便士》
    - 《巴黎圣母院》
    - 《了不起的盖茨比》
  - 哲学类
    - 《理想国》
    - 《哲学通论》
    - 《思想的力量》
    - 《西方哲学史》
    - 《存在与时间》
  - 艺术类
    - 《观山海》
    - 《吴哥之美》
    - 《设计心理学》
    - 《艺术的故事》
    - 《世界建筑简史》
  - 社科类
    - 《发现东亚》
    - 《未来简史》
    - 《最好的告别》
    - 《人类的明天》
    - 《怀旧的乌托邦》

图 3.1-7 括号图和树形图用于信息整理

那么 Thinking Maps 和 Mind Map 相比，有哪些区别呢？

通过图 3.1-6 我们看到，首先，Thinking Maps 源自美国，有八种图示，每一种图示表示一种特定的思维类型。正因为八种图示和思维类型具有一一对应的特点，Thinking Maps 非常适用于低龄儿童的思维启蒙，从圆圈图的发散联想开始，孩子逐步学习气泡图的描述，树形图的分类，双气泡图的比较和对比，等等，以此打好思维能力的基本功。同时，由于 Thinking Maps 具有简单易懂的特点，在北美 K12 学校受到大力推行。老师从幼儿园大班即开始将其作为教学工具，结合学习内容在课堂上做大量的思维训练，不但孩子容易理解、掌握，家长也都非常认可。

与 Thinking Maps 相比，Mind Map 源自英国，它的图式只有一种，也就是说，同一个图可以表示多种思维类型，例如发散联想、分类、顺序等。正因为如此，Mind Map 要求学习者具有一定的思维基础，理解怎样用同一种表现方式去区分不同的思维类型。所以说，Mind Map 一般适合八岁以上的孩子及成年人学习。

对于大多数孩子而言，建议先掌握 Thinking Maps，再学习 Mind Map。

掌握三个小贴士，让学习更有成就感

孩子在刚刚接触、学习思维导图时，家长的示范和引导尤其关键。思维导图作为一种思维的语言，需要逐步习得，但这个习得过程通常是孩子无法独自完成，需要旁边的成人来启蒙、引导的。这里给家长们准备了三个小贴士，把握好的话，孩子在学习使用思维导图的过程中将会获得更多的成就感，在学好、用好思维导图的路上也能走得更远。

在思考过程中，学会区分事实和观点

思维导图可以反映出孩子在解决某一问题时的思考过程，包括影响思考的因素有哪些，对知识的理解达到了哪种程度，等等，家长都可以根据孩子画的思维导图得出评估。也正是如此，家长更需要注意一点：适时让孩子对导图上的信息做复盘，区分好事实和观点。

什么是事实？什么是观点？我们通过下面这张图来感受一下其中的区别。

第三章　帮孩子"爱"上思维导图

与苹果相关的事实：
- 苹果是一种水果
- 苹果是长在树上的

与苹果相关的观点：
- 苹果是最好吃的水果
- 苹果尝起来是香甜的

图 3.2-1 事实与观点的区别

不难看出，事实是指可以被观察、被衡量、被证实的客观真实的情况。所以，事实是不可改变的。例如，"苹果是一种水果"，"苹果是长在树上的"，这两点都属于事实。而观点是什么呢？观点是指站在一定的立场和角度，对某一事物持有的主观看法。可见，看法是会根据实际情况而改变的，例如："苹果是最好吃的水果"，也许过一段时间，喜好会有所改变；而"苹果尝起来是香甜的"，这样的主观看法也因人而异，有人觉得甜，有人觉得酸。所以，以上两句陈述都属于个人的观点，而不是事实。

在孩子画完一个思维导图后，家长可以适时引导他来讲一讲，图上的信息，哪些来源于客观事实，即之前学过的知识，看过的视频，或读过的书籍，等等；哪些来源于个人的主观看法，即关于好坏、喜恶、对错的陈述等。

家长们不要小看这一步，区分事实和观点，是独立思考的开始，也是培养孩子批判性思维的起点。从大的方面来说，能训练和培养孩子的逻辑思考能力，让他的脑子更清楚。往小了说，能让他更容易与人沟通，至少能把话说清楚，会用事实去支撑自己的观点，同时也避免一些无谓的纯观点性的争执。所以，无论是随意地描述一个事物，还是严肃地对其做出评价，我们都要注意引导孩子区分事实和观点。在这个独立思考和质疑的过程中，孩子能逐渐体会到思考的乐趣和它带来的成就感。

画图是最终目的吗

在国内，家长看到的许多与思维导图相关的文章分享，包括本书用到的各个图例，出于对效果的考量，所展示的思维导图往往都是图文并茂、色彩缤纷的。但是，在孩子的实际学习、使用过程中，画出的思维导图大多数并不那么美观。特别是在低龄孩子的启蒙初期，他们还不会写字，画出的线条可能歪歪扭扭，也没有形象、精美的配图。事实上，这是非常正常、普遍的现象，家长完全不必担心。

图 3.2-2 画图不是学习的最终目的

画思维导图的最终目的是帮助孩子整理和表达思维，让思考、解决某一问题的过程和结果可视化，而不是为了追求美观，对思维进行美化。所以，在孩子绘制思维导图的过程中，请家长不要以画得好或不好、美或不美来作为评价标准，这些不必要的评价会成为孩子自由表达的负担。

从思维导图的八个图示设计来看，都是由最简单的图形和线条构成的，孩子非常容易就能上手画出每个导图的框架。而至于画图上的一些具体内容，既可以是简单的标记符号，也可以是随手涂鸦，不要求画得漂亮，只要是能表达出孩子自己想法的方式，家长都应该鼓励孩子独立来完成。孩子画图的过程，除了可以把脑袋中对问题思考的结果进行可视化，反过来也可以帮助他验证思考的有效性。

如果家里的孩子正处于 3~5 岁低龄段，本身文字能力和抽象化表达能力还比较弱，实在没有办法独立去完成画图的过程，应该怎么来学习思维导图呢？首先，家长可以协助孩子去画图，并不是说完全代笔，而是通过语言引导或是图例示范，去指导孩子画图。例如，当孩子想表达"苹果很甜"，而他不知道"甜"字该怎么写的时候，家长可以引导他想一想，有什么食物也能表达出"甜"的感觉？比如棒棒糖、巧克力、冰激凌等。那么，从这些图案里选一个出来画到图上，就可以辅助孩子表达出"甜"的想法。其次，如果孩子想表达的，连家长也画不出来，那么使用贴纸，或者在网络上找出相应的图片打印出来，剪好，让孩子自己粘贴到思维导图上，也是非常棒的方法。

图 3.2-3 用气泡图对苹果进行描述

总而言之，家长在辅导低龄段孩子画思维导图时，有两点需要注意：第一，引导孩子打开思路，对问题进行深入思考；第二，适时帮助孩子把思考的内容可视化地表现出来，不让画图的难度打击孩子学习使用思维导图的积极性和自信心。

读图很关键

画完思维导图，并不意味着思维训练就此停止。请家长切记，一定要鼓励孩子读思维导图（以下简称"读图"），这才是掌握好思维导图的黄金密匙。

孩子受益一生的思维力

来看下面这个图例 3.2-4，孩子周末从动物园游玩回来，画了一个圆圈图。图上有大象、河马、啄木鸟、旋转木马、汉堡和可乐。这时候，假设你是孩子，那么你会怎样来读这个圆圈图？

图 3.2-4 圆圈图读图示范

在孩子刚开始尝试读图时，最常出现的情况是，照着图上画出的信息，依次念出来。例如：我今天去了动物园，看到了大象、河马和啄木鸟，还去玩了旋转木马，在麦当劳吃了汉堡和可乐。

而一次高质量的、精彩的读图，仅仅照念图上信息是远远不够的，孩子需要根据图上记录的关键信息进行扩充，再通过语言组织、串联起来，用完整的句子充分表达出自己的思考过程和结果。回到图 3.2-4，孩子为什么会联想到这些事物？它们彼此之间有什么关联吗？这些疑问，都需要通过聆听他的读图才能解答。以下文字信息是从孩子的读图中整理出来的。家长可以感受一下，在这个简单的圆圈图里，孩子分享了多少信息。

我今天和大家介绍的是美丽的动物园。我们首先来到了大象馆，然后我们给大象扔去了一根大象最喜欢吃的香蕉。大象的鼻子好长，一卷就把香蕉卷进去了。然后我们又来到了河马馆，河马的大牙齿实在是太大了，我们用刷子"唰唰唰，唰唰唰"，一下子就把它的大牙齿刷干净了，不会长虫牙。旁边的啄木鸟大夫正在给一棵生了病的树捉虫子，啄木鸟大夫的嘴又长又尖。说到啄木鸟大夫能吃虫子，我们的肚子也饿了。我们来到了麦当劳，买了几个汉堡。我本来还想买可口可乐，可是爸爸说不能喝可口可乐，不然肚子会疼，所以爸爸只给我买了一杯果汁。吃饱以后，我去玩了旋转木马，大家不知道吧，旋转木马还会在动物园里出现。今天的动物园之旅到此就结束啦。

在前面分享"画图不是最终目的"这一小贴士时，也提到过，低龄段孩子的文字表达和绘图能力还不算强，画出来的内容，常常连家长也很难直接辨识。那么，作为家长，怎么去读懂孩子的思考过程和思考结果呢？其实就靠读图来实现。常常做这样的口头分享练习，既能帮助孩子进一步确认他画进图里的信息，做好查漏补缺，同时，还能增强他对图上信息的理解和记忆。而作为家长，也能更加清楚地了解孩子的思考过程，即他在边想边画的过程中，最先想到的是什么，中间出现了什么问题，最后又是怎么找到答案的。出色的语言表达能力不是一蹴而就的，哪怕是照着图上信息来念，也是一个小小的开始。家长除了多鼓励孩子，还可以适时地做示范，让孩子从中学习到一些语言表达的技巧，再来做反复的训练。读图能更直接地给孩子带来成就感，因为这是一个可以"秀"出来的过程，孩子都喜欢别人听他说话，听他的意见，尤其是当他思路越来越清晰、有条理，感受到分享的流畅和快乐时。

简单来说，画思维导图是培养孩子的思考能力，读思维导图是培养孩子的口头表达能力。这两者结合起来，孩子才能真正掌握好思维导图。

前面谈到的三个小贴士，恰好也是一次完整思维训练应该包括的三个步骤：第一步，从实际的问题出发进行思考，注意区分好事实和观点；第二步，把思考得出的结果清晰、完整地呈现在思维导图上；第三步，也是最重要的一步，一定要鼓励、引导孩子读思维导图，帮助他理清思路。

培养孩子优秀思维力的
三部曲

从本质上讲，思考是思维的一种探索活动——头脑对信息、内容进行发散联想、对比分析、因果推理、综合判断等，需要一系列加工处理的过程。在早些年的脑科学研究里，曾经简单地把人的大脑类比为计算机的CPU（中央处理器），接收一切数据信息，通过运算处理后输出。所以，思维过程可以简单概括为输入、处理、输出三个阶段，要想培养孩子优秀的思维力，也需要对这三个阶段反复进行练习。

输入——给孩子提出一个好问题

在输入阶段，家长要做到最关键的一点，就是给孩子提出一个好问题。"问"是思维的起点。而什么样的问题才算得上是好问题呢？这里涉及两个层面的考虑。第一，提出的问题是否足够具体，孩子是否感兴趣？当孩子面对一个自己感兴趣的问题时，好奇心会被充分调动起来，求知欲也会随之变得更强。而提出的问题越具体，孩子的思考方向也就越明确。第二，提出的问题难度是否适当？如果一个问题在孩子已经掌握的知识范畴内，那么他很轻松就能回答出来。相反，如果一个问题的难度超过了孩子现有的知识水平和能力，他就会容易产生畏惧和退缩情绪，害怕受挫。

除此外，每一个好问题，只有放在具体的场景中，孩子才容易理解，思考解决这样的问题也才更有意义。在生活和学习中，家长需要提问的场景肯定不少，比如孩子做错了数学题，带着他做错题复盘时，就需要提问："你在解题时的思路是什么？通过哪些步骤得出了答案？"和孩子一起梳理他放学后要做的事情，制定作息时间安排表时，也需要提问："你计划要做哪些事情？每件事情预估需要多少时间来完成？你认为这样的安排合理吗？"诸如此类，都是在孩子日常生活和学习中会遇到的、实际的提问场景。

图 3.3-1 生活和学习中遇到的提问场景

同时，为了着重培养孩子某一方面的思维能力，有时候也可以有意地设计一些场景进行提问。比如，为了培养孩子的描述思维，可以让他来描述一种自己最喜欢的水果。为了培养孩子的发散、联想思维，可以让他做头脑风暴，自由联想生活中看到的某一种形状，等等。无论是实际的提问场景，还是有意设计的提问场景，家长首先都要做出两个判断：第一，孩子熟悉、关注的内容是什么？对什么感兴趣？找到这样的具体场景，才能把孩子带入他的真实生活中。第二，在这种场景中，你想让孩子使用的思维导图是哪一个呢？想清楚这两点，再提出一个引导问题，才能清晰地指导孩子使用对应的思维导图。

如果孩子经常面对各种自己感兴趣，并且有价值、有意义的思考问题，那么大脑的思维就会保持在一个相对活跃的状态。因此，家长要想培养孩子的思维能力，就要学会多向孩子发问，从习惯性地"教孩子"转换为"问孩子"。例如，当孩子阅读了一篇跟智能机器人相关的科普文章，兴奋地表示："智能机器人真是太厉害了！"此刻，家长要做的不是附和，不是表达自己的看法："是啊，机器人不仅可以帮我们做家务，还能跟人语音对话呢。"而是应该趁热打铁，向孩子抛出一个与此相关的问题："想一想，智能机器人可以帮人类做哪些事情？如果让你来设计，你还想让机器人具备什么能力？"类似这样的问题，孩子既能从已知的一些知识中找到答案，又能通过查阅资料去做进一步的创新思考。而在思维导图的学习中，强调的是要在这个好问题里，有意识地加入思维关键词，让孩子感受到这是选择特定思维导图的信号，例如在前面关于机器人的提问里，就用到了圆圈图的思维关键词"想一想"。

图 3.3-2 家长应向孩子抛出问题而不是表达自己的看法

所以，综合以上几点，家长要提出的一个好问题应该是这样的：既能引发孩子的好奇心，又能引导孩子进入特定思维导图的使用场景，还具有一定的挑战难度。而难度的级别，是在家长的鼓励和引导下，孩子能够挑战和跨越的。思考解决这样的好问题，孩子会更加投入和专注，带来的成就感也就更大，随之孩子的思维水平也能获得提升。

处理——让孩子充分思考

培养孩子优秀思维力的第二个阶段，就是处理——对输入的信息进行处理，也就是如何引导孩子使用思维导图,对问题进行充分思考。对于不同年龄段的孩子,引导方法也有所不同。比如处于5~8岁年龄段的孩子,对抽象概念的理解能力还不够强,却特别擅长模仿。所以家长教给他们任何一种知识或技能,都必须要有充分的示范。前期尽量和孩子一起多想问题,在了解他们思考过程的同时,也把自己的一些成熟的想法画出来,让孩子有所感受。到了一定阶段,再逐步放手,让孩子去做独立思考。

而对于八岁以上的孩子,学习思维导图的意义更多在于:规范成型,让思维水平更上一层楼。在学习初期,理解和使用八种思维导图并不算难,但在思考阶段,家长需要给他们适量的挑战。举个例子,同样是画气泡图,对于大一些的孩子,家长可以对思考出的气泡个数提出要求。同时,在思考的质量上,要求孩子能正确分辨哪些气泡是事实描述,哪些气泡是观点描述。另外,还可以通过比赛的方式开展家庭头脑风暴,看谁得出的思考结果更多。这样一个小技巧,既挑起了孩子的斗志,又能激励他进行更多的思考。

充分思考的一个关键点,是要鼓励孩子跳出既定框架来思考问题。举个例子,如果问孩子:"你会怎么样来DIY一个创意汉堡?用括号图把你的想法画出来吧。"可能大部分孩子的思考结果只达到了"DIY"的层面,还谈不上真正的"创意",譬如选择的都是自己最爱吃的食物和酱汁,最后用两片面包把它们夹在一起。在教学过程中,我们发现,只有极少数孩子能真正跳出固有的思维模式,按照自己的创意制作了不一样的汉堡。

图 3.3-3 "创意汉堡 DIY"括号图

例如图 3.3-3 展示的两个括号图，一个是适合在夏天享用的创意水果汉堡，而且孩子选择椰子丝的原因不单是好吃，更是为了防止上层的葡萄滑落，很少有孩子会从可行性层面去思考为什么要这样来制作汉堡，更多的是根据自己的喜好来做选择和判断，这时就需要家长的适当引导。另一个创意汉堡——虫虫汉堡，体现出的创新想法在于，这是给小鸡卡梅拉准备的一个汉堡。当大多数人都在想着怎么给自己做一个好吃的汉堡时，这个孩子想到了要给小鸡做一个专属的"虫虫汉堡"，选择的材料是小鸡爱吃的面包、蚯蚓、生菜和蚂蚁等。

摆脱固有的思维模式是培养思考力的根基，家长除了可以引导孩子从不同角度去思考问题，也可以给孩子提供更丰富多样的信息来源。当全面了解事物之间的关系后，孩子才能更有效地解决问题、提升自己的思考力。

输出——让孩子自由表达

培养孩子优秀思维力的最后一个阶段，就是输出——展示自己的思考结果。输出的第一步，就是把思考结果可视化，即画思维导图。在画图时，家长容易出现的一个极端做法是，认为画图是孩子的事，完全撒手让他自己去画，能画出什么就是什么。这样的做法对孩子产生的影响是，他认为自己画到这种程度就可以了、满足了，并不知道如果转换一个思考角度，就能想出更多的结果。孩子在刚学习思维导图，特别是初学画图的时候，非常需要家长的引导。只有通过成人的启发，孩子才能了解到不同的思考角度有哪些。同时，大人提出引导问题，协助查阅资料信息的过程，本身也是在为孩子做出示范。在这样的引导之下，孩子才能够完成一个高质量的思维导图。

输出的第二步，就是复盘思考过程，即我们前面提到的读思维导图。这两个步骤同等重要，孩子画完思维导图后，家长应该趁热打铁，鼓励他做一个口头分享，使用完整的句子，把思考的过程和结果流畅地表达出来。对孩子来说，这是一个帮助他对信息查漏补缺，增进理解和记忆的过程。对家长来说，也是判断孩子思路和表达是否清晰的一个有效途径。

在孩子读图的过程中，家长需要更多地参与，不仅要检查孩子画到思维导图上的信息是否正确，表达的思路是否清晰，使用的语句是否通顺，还要适时地启发孩子，对思考主题展开更广泛的联想，甚至还需要引导孩子，在读图过程中对自己画出的思维导图进行修正。

举个例子，孩子画了一个"比喻大串烧"的桥形图 3.3-4。那么，孩子可能会这样来读图：湖面像镜子一样，枫叶像火焰一样……这样的读图只能算是及格，距离优秀还有一段距离。优秀的读图意味着，孩子可以把自己思考的过程表达出来。要想达到这个目标，家长的引导必不可少。例如，可以向孩子提问："你为什么会这样来做比喻呢？你认为这两个事物有哪些相似的特征？"这些问题可以帮助孩子检验自己思考出的内容是否正确，也就是表达的喻义是否形象、恰当。结合这一思考，孩子的读图质量会进一步升级为：湖面平静得像一面镜子，火红的枫叶像一团火焰。

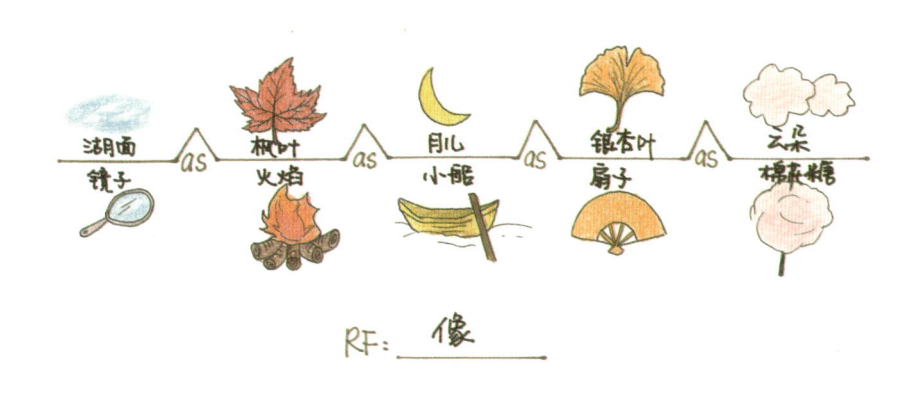

图 3.3-4 "比喻大串烧"桥形图

小结

培养孩子优秀思维能力的三部曲就是这样三个阶段：输入、处理、输出，一环套一环，从问题开始，思考得出结论，再引导出进一步的问题，循环往复。孩子使用思维导图做了大量训练后，他的思维过程将会逐步演化为思维模式，进而形成思维习惯。再遇到新问题时，孩子就能快速反应和调用八种思维导图里对应的思维模式来帮助思考、解答。思维导图是一种语言，是把思维进行可视化的一种工具语言。那么，任何人想习得一种语言，最重要的就是要反复练和用。只有去练，才知道画导图的困难在哪里；只有去想，才知道导图如何帮助思考；只有去读，才知道自己是否把问题想清楚、说明白了。

引导孩子学习思维导图，家长可以从孩子熟悉的生活场景、感兴趣的话题入手，在生活中反复练习、逐步发展，让孩子掌握思维导图的基本功以后，再应用到学科学习中。

尤其值得一提的是，当孩子刚开始学习思维导图时，我们并不建议家长完全放手，任由孩子去自由思考和画图。孩子可能对一些事物有着独特的思考角度和看法，但孩子的想法终究是不够成熟的，对思考结果也缺少批判性的认知。在这种情况下，家长的引导和示范就显得格外重要，通过引导，打开孩子自由思考的阀门，通过示范，为孩子指引成熟的思考表达方式，让孩子在兴趣和挑战中，学会思考，爱上思考。

在长期的思维导图教学中，我们也注意到，大多数思维优秀的孩子，既能把思维导图画得清晰，读图也读得精彩，在学习中孩子和家长都共同投入了很多时间和精力。因此，要想真正掌握好思维导图，孩子的主动思考和家长的引导，二者缺一不可。

第四章

延展应用——
让孩子的学习力飞起来

思维导图用于阅读

说到阅读，美国小学的实践是非常值得借鉴的。他们对阅读的重视不仅停留在精神支持和口头鼓励的层面，也不仅体现在给孩子们提供大量的阅读书籍和留有充足的阅读时间，而是整个教育体系对阅读能力的培养和帮助做得很系统、很细致。美国小学把孩子的阅读分为两个阶段：

Phase1：Learn To Read（阶段 1：学习阅读）

Phase2：Read To Learn（阶段 2：在阅读中学习）

第一个阶段强调孩子需要学习怎样阅读，第二个阶段则是指孩子通过阅读来学习。

在美国学校各式各样的阅读任务单、阅读辅助工具中，思维导图 Thinking Maps 是用得最多的一种指导工具。作为一种可视化思维工具，无论是学习阅读，还是在阅读中学习，思维导图都能引导孩子们在阅读过程中积极思考，让阅读的收获更大。

学习阅读

阅读是需要学习的。同样的内容，阅读能力的差异，会让阅读效果有很大不同。虽说开卷有益，但开了同样的"卷"，花了同样的时间，不同的孩子得到的"益"

也是不尽相同的。

刚刚开始阅读的孩子，往往抓不住读书的诀窍。有时我们会发现孩子自己读了半天，每个字都认识，但书上讲了些什么他们基本不知道，让人非常着急，这就是所谓的"无效阅读"。

很多孩子都有无效阅读的情况，到了学龄期就会直接表现为在考试中与阅读理解相关的题目会丢很多分。对付它的办法，则是通过我们的引导，教孩子使用正确的阅读方法，让他学会在阅读中寻找关键信息，理解信息之间的逻辑关系，感受作者在写作和表达上的技巧和策略，了解文字的内在意义、感情色彩和带给自己的启发。

思维导图是帮助孩子学习各种阅读方法的可视化利器。

阅读从阅读计划开始

我们知道，阅读是学习的基础，拥有良好的阅读习惯与阅读能力，能让孩子"厚积而薄发"，在学习的道路上走得更顺、更远。提升阅读能力离不开大量阅读，孩子需要多读书，读好书。比如新课程标准对小学一、二年级学生课外阅读提出的要求是"喜欢阅读，享受阅读的乐趣。课外阅读总量不少于十万字"。一年阅读十万字，相当于本书的文字量。具体怎样才能做到呢？家长首先要做的，就是要帮助孩子来制定一份阅读计划。

阅读计划能让孩子更有目标和动力地读书，同时，家长和孩子一起制订阅读计划，也能帮助孩子均衡地选择书籍的种类，拓宽阅读范围，不致"偏科"——只盯着同一类书籍。

下面是一位二年级孩子和妈妈一起绘制的树形图，为长长的暑假制订了一份阅读计划。这份阅读计划涉及孩子特别感兴趣的动漫、科普，也囊括了文学、艺术、历史，可谓是一份营养丰富均衡的暑期阅读"料理"。

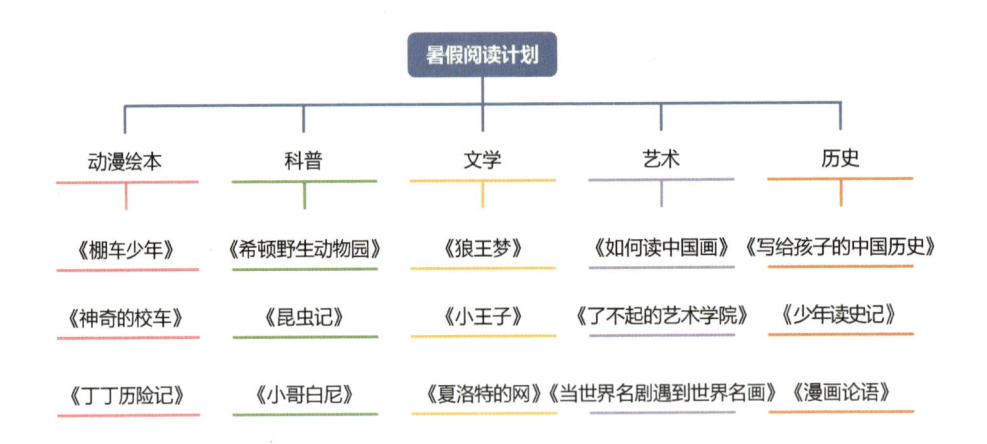

```
                        暑假阅读计划
   ┌────────┬────────┬────────┬────────┬────────┐
 动漫绘本    科普      文学      艺术      历史

《棚车少年》 《希顿野生动物园》 《狼王梦》 《如何读中国画》 《写给孩子的中国历史》

《神奇的校车》 《昆虫记》 《小王子》 《了不起的艺术学院》 《少年读史记》

《丁丁历险记》 《小哥白尼》 《夏洛特的网》 《当世界名剧遇到世界名画》 《漫画论语》
```

图 4.1-1 暑假阅读计划

另外需要提醒爸爸妈妈的是，制订阅读计划时，除了列出具体书目，还应考虑阅读时长。根据少儿阅读专家的建议，7～9 岁的孩子每天需要定时定量地完成一定的阅读任务，比如固定三十分钟阅读，这样有助于孩子养成良好的阅读习惯。

带着问题阅读是关键

好的阅读计划是高效阅读的开始，而要想真正完成高质量的阅读，带着问题去读书是很好的策略之一，也是孩子学习阅读的一门必修课。一起来看看阅读课堂上的这个例子：

《石头汤》是美国作家琼·穆特创作的儿童绘本故事。在故事中，三个和尚来到一个饱经苦难的村庄，村民们长年在艰难岁月中煎熬，心肠变得坚硬，不愿接纳任何人。可是，和尚们用煮石头汤的方法，让村民们不自觉地付出了很多，也明白了付出越多回报越多的道理。

"石头汤"，这个对大人都充满了吸引力的故事题目，当然也会让孩子感到有趣、好奇："石头怎么能做汤呢？""石头做成的汤会是什么样子？"课堂上老师引导孩子带着这些问题读故事，在阅读过程中用因果图来捕捉绘本故事里的关键信息，他从中收获的感受就会大不一样。

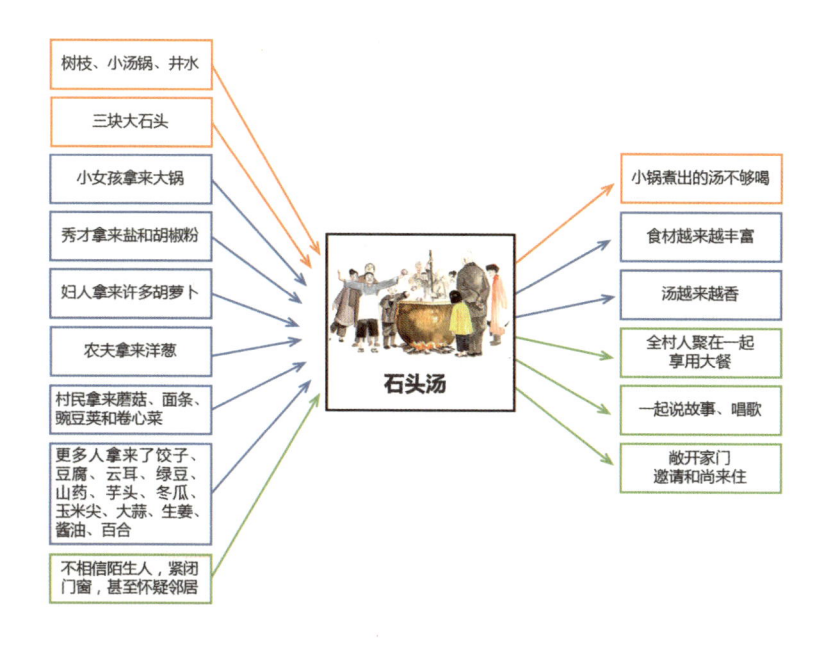

第四章 🎓 延展应用——让孩子的学习力飞起来

图 4.1-2 《石头汤》故事的因果分析

问题思考 石头怎么能做成汤呢？石头汤做完后发生了什么事？

带着问题阅读，可以提高孩子的专注力，培养孩子的自学能力，在孩子不同的成长阶段都起着非常重要的作用。孩子刚开始阅读绘本时，家长就可以通过提问的方式，引导孩子找到阅读的感觉和体会个中乐趣；孩子进入小学后，带着问题阅读的能力可以帮助他独立预习课程，高效地完成学习任务；而到了小学中高年级，这种能力将帮助孩子更好地适应复杂多样的阅读任务。

区分事实和观点

有趣的故事书是培养孩子阅读兴趣的敲门砖。随着孩子年龄的增长，我们需要给孩子提供更多样、更丰富的阅读内容，例如科普书籍、人物传记、期刊和新闻报道等。阅读非故事类的书籍，能培养孩子的一些高阶认知能力，比如分析、应用、综合和评估等，让孩子掌握处理复杂文本的技能。

143

孩子受益一生的思维力

在非故事类书籍的各种阅读技巧中，很重要的一条就是要区分信息的事实和观点。美国小学非常重视培养孩子的批判性思维能力，而区分事实和观点是批判性思维的一项核心能力，因此，学校从孩子上小学一年级开始，就在阅读学习中反复训练这项能力。

比如二年级的孩子，在阅读完斯蒂芬·威廉·霍金的生平介绍后，老师会引导他使用圆圈图罗列自己从文字里看到的有关霍金的信息，然后再用树形图将这些信息分类成事实和观点，进而让孩子对阅读中获取的信息有整体清晰的判断，哪些是有关霍金的客观事实，哪些是人们对他持有的各种观点。

参考资料：斯蒂芬·威廉·霍金生平

斯蒂芬·威廉·霍金（Stephen William Hawking，1942年1月8日～2018年3月14日），出生于英国牛津，英国剑桥大学著名物理学家，现代伟大的物理学家之一。

1979年至2009年任卢卡斯数学教授，主要研究领域是宇宙论和黑洞，证明了广义相对论的奇性定理和黑洞面积定理，提出了黑洞蒸发理论和无边界的霍金宇宙模型，在统一20世纪物理学的两大基础理论——爱因斯坦创立的相对论和普朗克创立的量子力学方面走出了重要一步。

1988年，霍金撰写的《时间简史》出版。这本书从黑洞出发，探索了宇宙的起源和归宿，天体物理学高深的知识进入大众视野，成为不少人的启蒙读物。这本书甚至培养了一批物理学的爱好者。《时间简史》的出版让许多人重新认识了他"科学教育家"的身份。

霍金21岁时患上肌肉萎缩性侧索硬化症（卢伽雷氏症），全身瘫痪，不能言语，手部只有三根手指可以活动。这样艰难，活着都已不易。再想想他那超强的记忆、联想能力、总结能力，无法不被人崇拜。霍金被认为是继牛顿和爱因斯坦之后最杰出的物理学家之一，被誉为"宇宙之王"。

2018年3月14日，霍金去世，享年76岁。

第四章 延展应用——让孩子的学习力飞起来

```
                1942年1月8日～2018年3月14日

       剑桥大学物理学家
                                         出生于英国牛津
                    斯蒂芬·威廉·霍金
       《时间简史》      (Stephen William
                         Hawking)        "科学教育家"

                                         "宇宙之王"
       肌肉萎缩性侧索硬化症

              继牛顿和爱因斯坦之后
              最杰出的物理学家之一
```

图 4.1-3 霍金生平介绍圆圈图

```
                 斯蒂芬·威廉·霍金
              (Stephen William Hawking)
          ┌──────────────┴──────────────┐
         事实                           观点

    1942.1.8～2018.3.14              "科学教育家"

      出生于英国牛津              继牛顿和爱因斯坦之后
                                 最杰出的物理学家之一

     剑桥大学物理学家                  "宇宙之王"

       《时间简史》

    肌肉萎缩性侧索硬化症
```

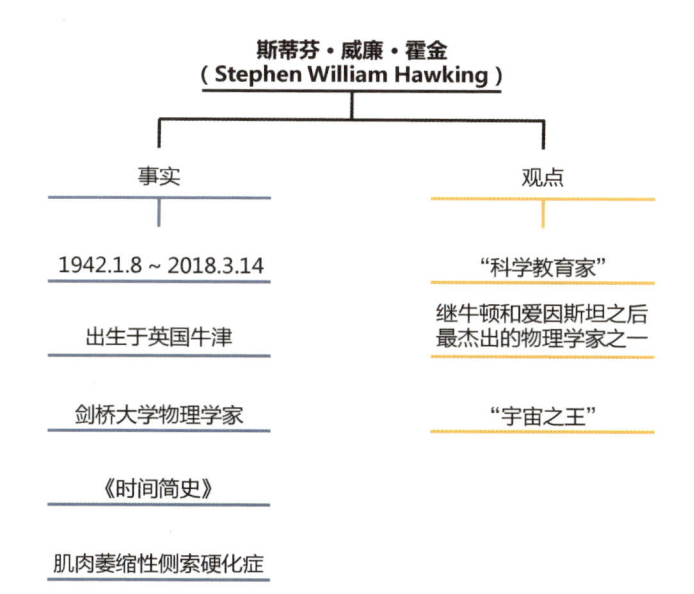

图 4.1-4 霍金生平介绍树形图

145

孩子受益一生的思维力

问题思考 在关于斯蒂芬·威廉·霍金的生平描述中，哪些是客观的事实？哪些是主观的观点？

阅读小结

阅读小结通常让大多数孩子觉得很有挑战，因为他们总是试图囊括所有读到的知识点。这时，流程图和树形图能有效地帮助孩子整理关键信息，消化吸收阅读的内容。

例1：用流程图梳理情节

在绘本阅读中，家长可以经常跟孩子一起聊聊故事，鼓励孩子"说来听听"。比如读完《曹冲称象》的故事后，问一问孩子："曹冲是怎么称象的？一共有几个步骤？"用这个问题，引导孩子使用流程图梳理故事的主要情节，不仅能检验孩子是否理解了故事内容，还能很好地训练了孩子的逻辑思维能力。

参考资料：曹冲称象

孙权送来了一头巨象，曹操想知道象的重量，但没人知道怎样称象的重量。曹冲说："把象放到大船上，在船舷上齐水面的地方做上记号，再让船装载石头（当水面达到记号处的时候），称一下这些东西，那么比较下（东西的总重量差不多等于大象的重量）就能知道了。"曹操听了很高兴，马上照这个办法做了。

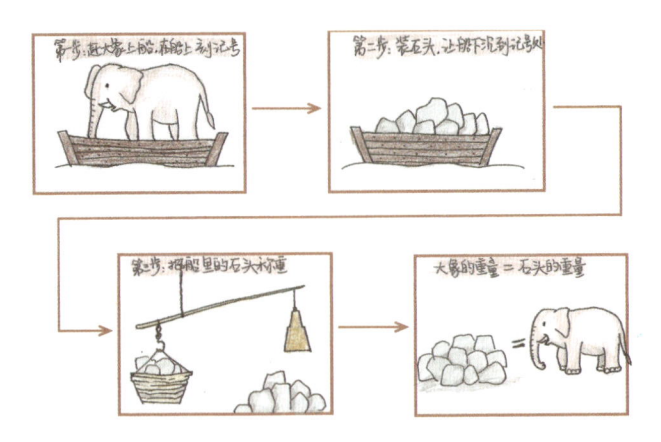

图 4.1-5 曹冲称象的故事流程图

第四章 延展应用——让孩子的学习力飞起来

问题思考　曹冲按什么步骤称象的？

例2：用树形图概括主要内容

概括文章主要内容，是语文学习的一个重要的考点，也是孩子必须掌握的一种阅读理解能力。

我们以小学生最常见的记叙文为例。记叙文有"六要素"，即时间、地点、人物、事件的起因、经过和结果。在阅读过程中，可以用"六要素"帮助孩子理清文章的脉络，概括文章的主要内容。

时间（事情发生的时间），可以是具体时间，也可以是大体时间。

地点（事情发生的地方），可以随着事情的发展变化而变化。

人物（文章记叙的人物对象），既包括人，又包括物。

事件（要告诉读者发生了什么），可分成三个子要素，包括起因、经过、结果。

下面是一个使用树形图归纳记叙文六要素的例子。

参考资料：节选自《走一步，再走一步》

暮色中，第一颗星星出现在天空中，悬崖下面的地面开始变得模糊。不过，树林中闪烁着一道手电筒发出的光，然后我听到杰里和爸爸的喊声。爸爸！但是他能做什么？他是个粗壮的中年人，他爬不上来。即使他爬上来了，又能怎样？

爸爸远远地站在悬崖脚下，这样才能看见我，他用手电筒照着我然后喊道："现在，下来。"他用非常正常、安慰的口吻说道："要吃晚饭了。"

"我不行！我会掉下去的！我会摔死的！"我大哭着说。

"你能爬上去，你就能下来，我会给你照亮。"

"不，我不行！太远了，太困难了！我做不到！"我怒吼着。

"听我说，"爸爸继续说，"不要想有多远，有多困难，你需要想的是迈一小步。这个你能做到。看着手电光指的地方。看到那块石头没有？"光柱游走，指着岩脊下面的一块突出的石头。"看到了吗？"他大声问道。

147

我慢慢地挪动了一下。"看到了。"我回答。

"好的，现在转过身去，然后用左脚踩住那块石头。这就是你要做的。它就在你下面一点。你能做到。不要担心接下来的事情，也不要往下看，先走好第一步。相信我。"

这看起来我能做到。我往后移动了一下，用左脚小心翼翼地感觉着岩石，然后找到了。"很好。"爸爸喊道，"现在，往右边下面一点，那儿有另外一个落脚点，就几英寸远。移动你的右脚，慢慢地往下。这就是你要做的。只要想着接下来的这步，不要想别的。"我照做了。"好了，现在松开左手，然后抓住后面的小树干，就在边上，看我手电照的地方，这就是你要做的。"再一次，我做到了。

就这样，一次一步，一次换一个地方落脚，按照他说的往下爬，爸爸强调每次我只需要做一个简单的动作，从来不让我有机会停下来思考下面的路还很长，他一直在告诉我，接下来要做的事情我能做。

突然间，我向下迈出了最后一步，然后踩到了底部凌乱的岩石，扑进了爸爸强壮的臂弯里，抽噎了一下，然后令人惊讶的是，我有了一种巨大的成就感和类似骄傲的感觉。

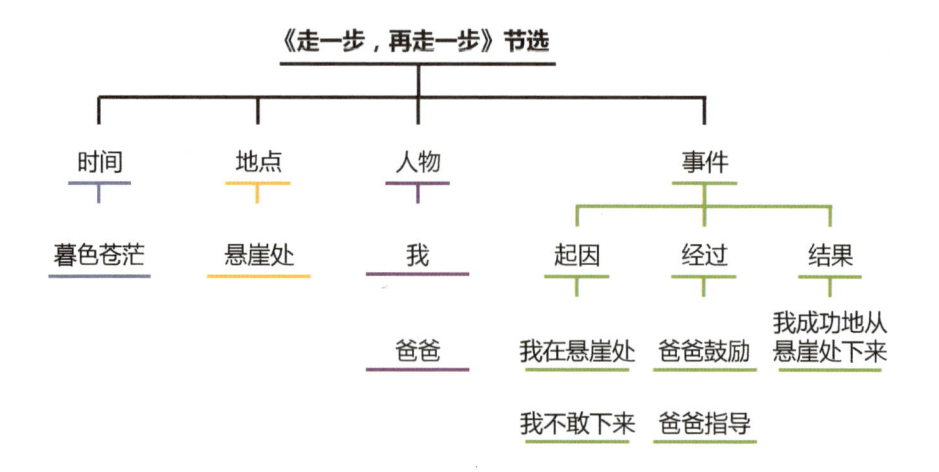

图 4.1-6 《走一步，再走一步》记叙文六要素树形图

第四章 延展应用——让孩子的学习力飞起来

> **问题思考** 这篇文章主要讲述了什么故事？

在阅读中学习

读书破万卷，从阅读中获取各式各样的知识，是人类学习知识的主要途径，也是我们阅读的主要目的。怎么才能从书本中有效提取、理解并且掌握、运用其中蕴含的知识呢？一个基本的要求是，这些知识在我们脑海中应该是清晰的、成系统的。我们经常讲要善于"把书读薄"，讲的就是这个道理。

一般来说，作者为了实现其写作意图，常常用到各种写作手法，通过一定的组织结构将文字呈现出来。美国著名教育学家 Robert J.Marzano（罗伯特·J.马扎诺）指出，在阅读中，读者对文字的组织结构把握得越充分，对文字的理解就越完整。思维导图能帮助孩子可视化地整理信息的组织结构，比如用气泡图来整理描述类信息，用双气泡图来归纳事物之间的异同点，用括号图分析整体和部分的关系，用桥形图对知识碎片进行连接，等等，这些具体的图示方法能让孩子更好地把握对文字信息的理解。下面来看看孩子阅读中的几个具体例子：

例1：用气泡图赏析古诗

参考资料：《夜雪》

夜　雪　　白居易

已讶衾枕冷，复见窗户明。

夜深知雪重，时闻折竹声。

咏雪诗写夜雪的不多，白居易的这首《夜雪》新颖别致，立意不俗。

雪无声无味，只能从颜色、形状、姿态见出分别，而在沉沉夜色里，人的视觉全然失去作用，雪的形象自然无从捕捉。但诗人白居易巧妙地利用了侧面烘托，依次从触觉（冷）、视觉（明）、感觉（知）、听觉（闻）四个层次叙写，一波数折，生动传神地写出一场夜雪来。诗中既没有色彩的刻画，也不作姿态的描摹，初看时简直毫不起眼。但细细品味,便会发现它凝重古朴、清新淡雅。这首诗朴实自然,诗境平易,充分体现了诗人通俗易懂、明白晓畅的语言特色。

用上气泡图,能清晰地整理出作者对这四种感觉的描写,让孩子体会到,原来一首好诗除了意境上恰到好处,背后也是有严谨完备的逻辑支撑着的呢。

图 4.1-7 《夜雪》古诗鉴赏气泡图

问题思考 白居易在《夜雪》这首古诗中是怎样描写雪的?

例 2:用双气泡图做人物比较分析

在阅读过程中,对重要人物进行比较分析,能启发孩子对文字做深入思考,加深他们对人物的理解。

比如《三国演义》中,曹营的司马懿和刘备帐下的诸葛亮,都是名传青史的人物,他们都足智多谋,辅佐了几朝君王,但是各种不同版本的书评中,对两个人物褒贬不一,该怎么看待他们?谁更厉害?谁的历史功绩更高呢?带着这样的问题,孩子可以使用双气泡图对两个人物进行一番分析对比,从中阐释自己对他们的看法。

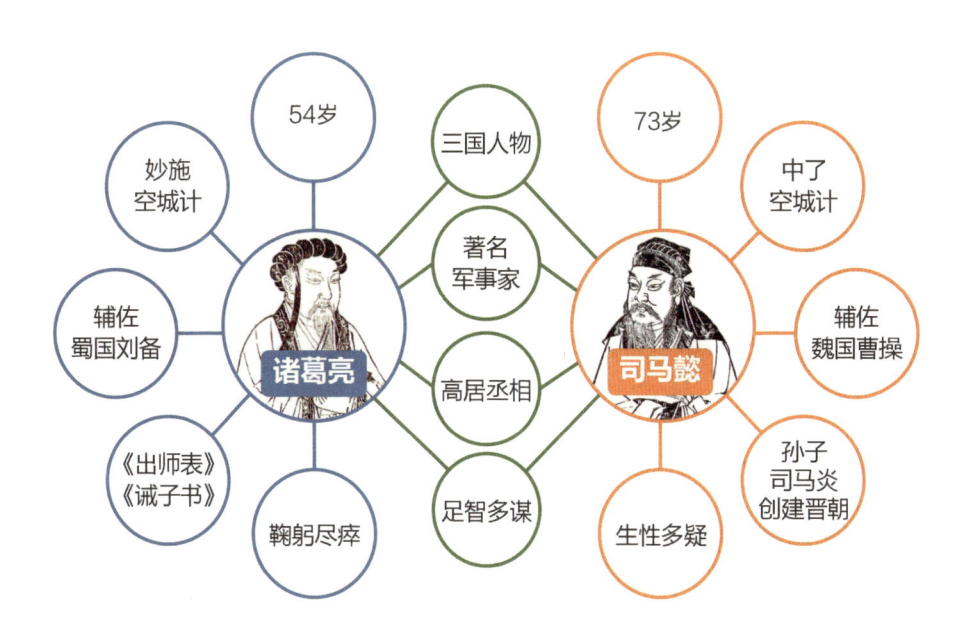

第四章 延展应用——让孩子的学习力飞起来

图 4.1-8 《三国演义》中诸葛亮和司马懿比较双气泡图

问题思考 《三国演义》中诸葛亮和司马懿都是足智多谋的人物，他们的相同和不同之处分别有哪些？

例3：用括号图了解事物整体和部分的关系

《手上的皮肤》是北师大语文四年级下册的一篇课文，这篇科普说明文从"皮肤厚度""褶皱和纹路""指纹"和"指甲"四个方面，介绍了手上皮肤的特点和用途。孩子在阅读完这篇课文后产生了一个疑惑：作者为什么要选择这四个方面来介绍手上的皮肤呢？手上的皮肤是怎么构成的？带着这两个问题，孩子课后查阅了相关的科普资料，用括号图分析了"手上的皮肤"的组成结构，他发现，课文从手心、手掌的皮肤，写到手指上的皮肤，正好完整地涵盖了整只手的皮肤。

孩子受益一生的思维力

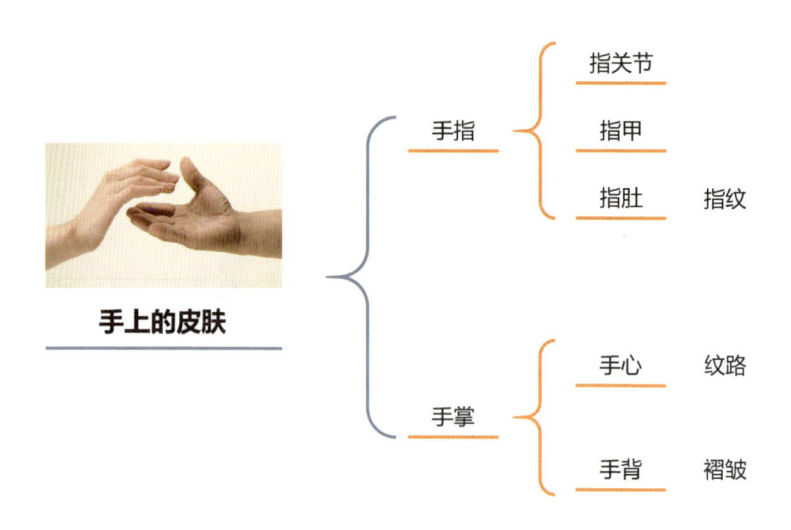

```
                    ┌─ 指关节
            ┌─ 手指 ─┼─ 指甲
            │       └─ 指肚    指纹
手上的皮肤 ─┤
            │       ┌─ 手心    纹路
            └─ 手掌 ┤
                    └─ 手背    褶皱
```

图 4.1-9《手上的皮肤》括号图

问题思考　手上的皮肤由哪些部分组成？

例4：用桥形图整理历史知识

　　读书是一个输入的过程，通过阅读向我们大脑输入各种信息和知识，但仅仅输入是不够的。

　　想象一下，有一个柜子，你可以往里面装东西，但是从来不拿出来用，你觉得和放在箱子里的闲置物有什么区别？读书也一样，大脑就像一个柜子，阅读就是不断往柜子里装东西的过程，如果你从来不把放进去的东西拿出来用，不仅会发现放进去的东西是闲置物，而且过了一段时间，自己放了什么东西进去都忘记了。

　　同样的道理，我们在往大脑里装知识的同时，也要经常把脑袋里的知识拿出来用用，这样的知识才是有用的、记得住的。桥形图就是这样一个思维工具，可以帮助孩子把学过的知识"抖出来"，晒一晒，用一用。我们来看下面的例子：

第四章 延展应用——让孩子的学习力飞起来

RF：开国皇帝

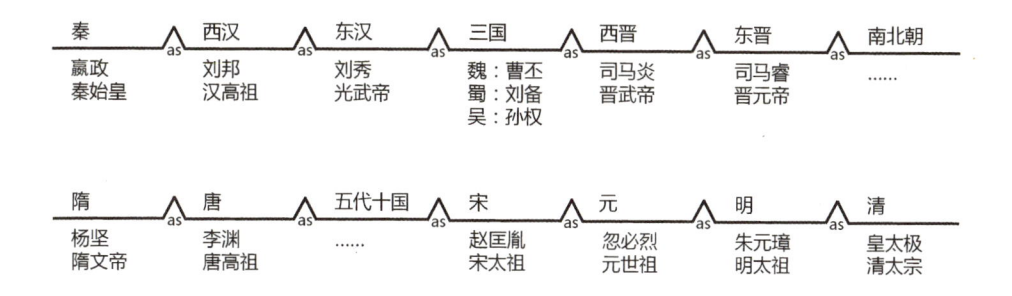

```
秦        西汉       东汉       三国        西晋       东晋       南北朝
嬴政  as  刘邦   as  刘秀   as  魏：曹丕  as 司马炎  as 司马睿  as ……
秦始皇    汉高祖     光武帝     蜀：刘备     晋武帝     晋元帝
                              吴：孙权

隋        唐        五代十国    宋         元        明        清
杨坚  as  李渊   as  ……    as  赵匡胤  as 忽必烈  as 朱元璋  as 皇太极
隋文帝    唐高祖                宋太祖     元世祖     明太祖     清太宗
```

图 4.1-10 中国历朝历代开国皇帝桥形图

这是一个桥形图，它列举了中国历朝历代建国皇帝的信息。从这个图上可以看到，虽然中国最早有历史记载的朝代是"夏朝"，但秦始皇才是中国第一个称皇帝的君主。另外，三国时期的三位皇帝中，魏国的建国皇帝是曹操的儿子曹丕，而不是曹操本人，这背后的历史原因是什么呢？冒出这个问题的孩子估计又要翻一翻书，把脑海的历史知识再倒腾一次了吧。很多孩子喜欢历史，在阅读了大量历史类书籍以后，不妨用这样的桥形图做一个横向比照，既是对现有知识的复习整理，又能引出新的探索问题，拓展学习边界。

问题思考 中国历史上各个朝代的开国皇帝叫什么名字？

有效倾听

"听"和"读"是我们接受外部信息的两种重要途径。上面提到的各种与阅读相关的思维导图用法，都可以复制到如何做到有效倾听上。特别是带着问题去听，用思维导图的模式去归纳整理听到的信息，能够很明显地提高倾听的效果。

思维导图用于写作

写作文是让很多孩子头疼的一大难题，有时是看懂了题目却不知道该怎么下笔，有时是想好了大概写什么，但写到一半就卡住了，冥思苦想半天也写不完。归根到底，还是因为头脑中没有形成一个完整的写作框架，自然会在写作过程中感觉半路卡壳，言之无物。

人们常说："读书破万卷，下笔如有神。"思维导图可以帮助孩子们从"万卷书"中提取可用素材，同时梳理行文逻辑，搭建可视化的写作框架，然后在此基础上从初稿到整理润色，完成整个写作过程，解决孩子们写作中最常见的"文思不畅"问题。

写作流程

如何使用思维导图构思写作，让孩子下笔如神呢？一起看下写作流程的三个阶段：

- 构思大纲（收集素材—分类归纳—梳理框架）
- 初稿写作
- 润色打磨

这三个阶段可以用流程图整理出来，让孩子清晰地看到自己该做什么，也明白只要按照这个顺序一步一步做实、做好，必定能完成任务，就不会一听到"作文"两个字就心里发慌了。

```
构思大纲 → 初稿写作 → 润色打磨
  │
  ├─ 收集素材
  ├─ 分类归纳
  └─ 梳理框架
```

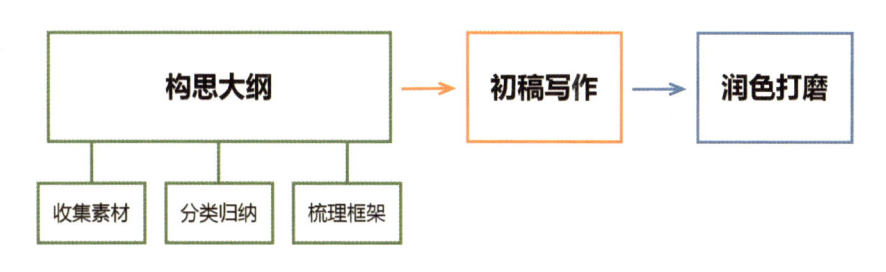

图 4.2-1 写作流程图

构思大纲

构思大纲是写作流程图中的第一步，也是最关键的一步，有了清晰的大纲，我们在写作时才能做到有重点、有条理，一气呵成。构思大纲包括三个子环节：收集素材、分类归纳、梳理框架。具体怎么实施呢？

第一步：用圆圈图收集写作素材

和孩子们通常在写作文前打草稿不同，用圆圈图做头脑风暴，构思素材时，孩子需要把脑海里联想到的所有素材，都呈现到圆圈图上。通过这种方式，可以帮助孩子做出评估：自己想的是不是足够充分和清楚，素材是否足够？

用头脑风暴收集写作素材的时候，记得问自己两个问题：

1. 写作主题是什么？

2. 围绕写作主题，我能想到哪些与它有关的内容？

我们来看看这篇主题为"迪拜行"的游记作文。围绕这个主题，孩子想到了迪拜的第一高楼哈利法塔，想到了迪拜购物中心、帆船酒店、冲沙、坐游艇、骑骆驼等。在这个阶段，孩子只需要把自己能联想到的事物都列在圆圈图里，而不用考虑内容适不适合写在文章里，或者具体该怎么写，这些都会在后面的步骤中逐个去解决。

滑沙

波斯湾乘游艇

哈利法塔介绍

迪拜

骑骆驼

帆船酒店吃饭

哈利法塔
第一高楼

法拉利乐园

迪拜购物中心

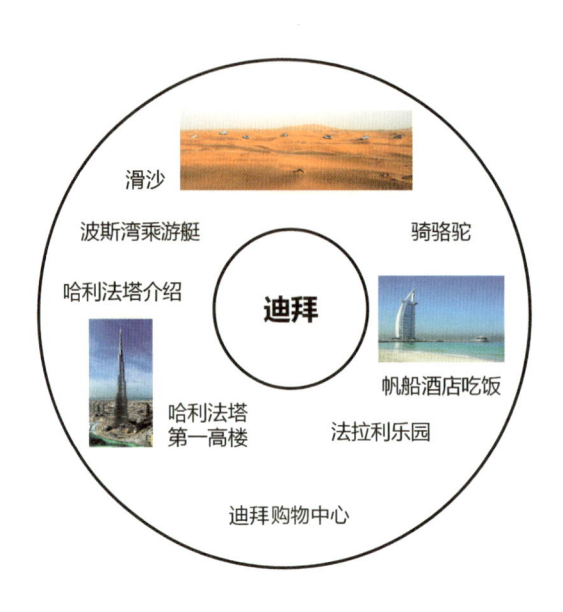

图 4.2-2 第一步 迪拜行素材搜集圆圈图

问题思考 迪拜之行，你能回忆起哪些？

第二步：用树形图分类归纳写作素材

用头脑风暴完成思维激荡后，我们获得了很多原始素材。但如果把这些素材都写进文里，很容易会变成一篇流水账，所以家长需要引导孩子做进一步的处理——从圆圈图中挑选、标记出自己感受最深刻，最"有话可说"的几点内容，使用树形图来继续深挖与之相关的更多细节信息。

在这个过程中，孩子可以问自己两个问题：

1. 我最想写哪些内容？
2. 针对每一点内容，我能想到哪些相关的细节信息？

在例子中，孩子从圆圈图中挑选了自己印象最深刻的三件事情："游览哈利法塔"、"波斯湾乘游艇"和"帆船酒店吃饭"，然后用树形图详细列举出了每一件事的细节信息，提示自己在写作时要把每一件事描写得更加具体。

第四章　延展应用——让孩子的学习力飞起来

滑沙

波斯湾乘游艇　❤

骑骆驼

哈利法塔介绍

迪拜

帆船酒店吃饭　❤

哈利法塔
第一高楼　❤

法拉利乐园

迪拜购物中心

图 4.2-3 迪拜行素材整理圆圈图

问题思考　迪拜行，哪三件事让你印象最深？

迪拜

- 游览哈利法塔
  - 高层电梯 124层~148层
  - 世界第一高楼
  - VR看迪拜
- 帆船酒店吃饭
  - 鼎鼎有名的七星级酒店
  - 过桥到酒店大门
  - 矿泉水37元一瓶，超贵
- 波斯湾乘游艇
  - 游艇一层很热
  - 可以狂喝冷饮
  - 看波斯湾风景看到了帆船酒店

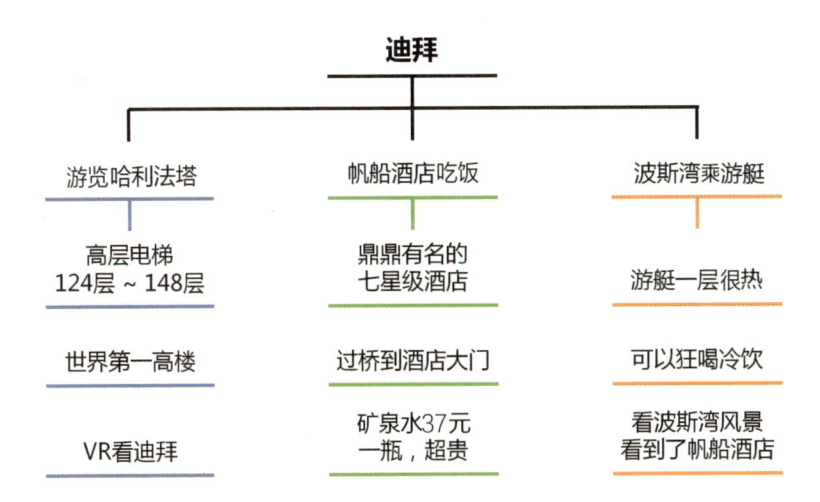

图 4.2-4 第二步 迪拜行素材整理树形图

孩子受益一生的思维力

问题思考 迪拜行，令你印象最深刻的三件事，它们各自有哪些细节值得说说？

第三步：用流程图梳理出写作框架

通过筛选要点、挖掘细节信息，我们已经获得了可以直接用于写作的有效素材。接下来，我们需要对可用素材进行整理，使用流程图，根据事件的开头、经过、结尾三个部分来安排内容的先后顺序，形成一个写作大纲。

在这个过程中，需要思考三个问题：

1. 采用哪种写作顺序，最能恰当地表达出我的想法？
2. 如何在开头时明确作文主旨？
3. 如何在结尾时总结自己的收获、感受？

通过思考这三个问题，孩子用流程图拟定了"我的迪拜行"的写作大纲。

开头

去年暑假，我和爸爸妈妈去迪拜旅游，在那里玩了七天。

→ 游览哈利法塔 → 帆船酒店吃饭 → 波斯湾乘游艇 → 结尾

游览哈利法塔：
- 高层电梯 124层~148层
- 世界第一高楼
- VR看迪拜

帆船酒店吃饭：
- 鼎鼎有名的七星级酒店
- 过桥到酒店大门
- 矿泉水37元一瓶，超贵

波斯湾乘游艇：
- 游艇一层很热
- 可以狂喝冷饮
- 看波斯湾风景 看到了帆船酒店

结尾：我在迪拜看到了很多新奇的事物，玩得非常开心。真想再去一次迪拜！

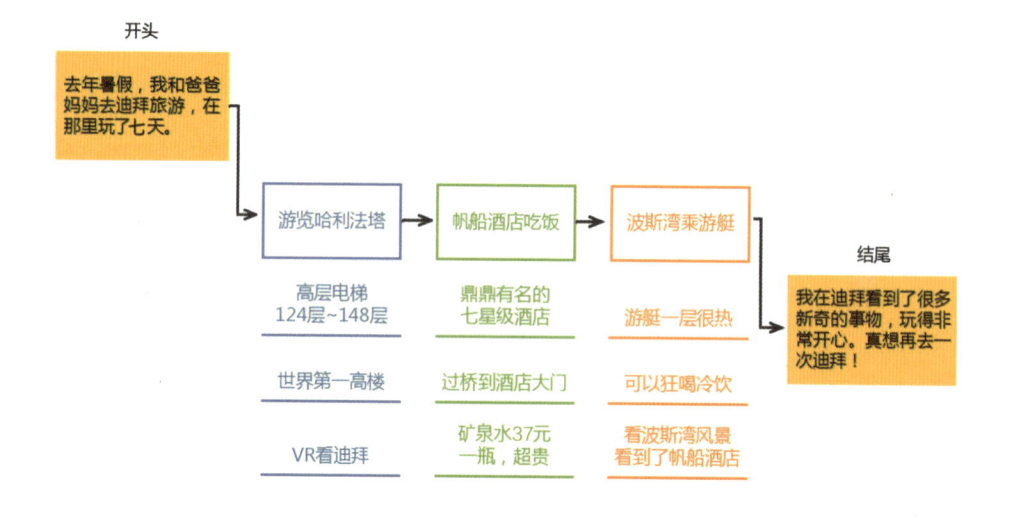

图 4.2-5 第三步 迪拜行作文大纲流程图

问题思考 你的迪拜行经历，用哪种顺序去介绍最合适？

初稿写作

根据上面流程图画出的写作大纲,孩子写出了"迪拜行"作文初稿,行文流畅,思路清晰。

> 去年暑假,我和爸爸妈妈去迪拜旅游,在那里玩了七天。
>
> 到迪拜的第二天,我们就去了世界第一摩天大楼哈利法塔。我们乘坐超级电梯,在124楼上换乘一次后,5分钟就到了最高的148层。在148楼的贵宾室里,我头一次在一个VR游戏中看到了迪拜城市历史的介绍,感觉真棒!
>
> 帆船酒店是世界上鼎鼎有名的七星级酒店,它修建在迪拜临近的波斯湾海里。我们通过一座跨海桥,才到达酒店。帆船酒店的自助餐价格太贵了,我买了一瓶矿泉水,竟然花了20迪拉姆,这相当于人民币37元啊!
>
> 在迪拜的第五天下午,我们乘坐游艇游览波斯湾,游艇有上下两层,楼下一层很热,好在那里免费供应冷饮。在游艇上我们又看到了帆船酒店,真漂亮!
>
> 我在迪拜看到了很多新奇的事物,玩得好开心。真想再去一次迪拜!

润色打磨

我们都想达到一气呵成、行云流水的理想写作状态,但这个境界不是一蹴而就的,需要大量的练习。孩子完成作文初稿后,往往还会有些不太满意的地方,比如描述得不够生动,重点不够突出,感受不够真切,等等,鼓励孩子针对这些地方进行修改和调整,反复修正,写作才会越来越流畅。具体怎么做修改和调整呢?咱们继续来看这篇"迪拜行"作文的润色打磨阶段。

例1：描述细节（气泡图）

首先，针对"描述得不够生动"这一点，家长引导孩子画了一个气泡图，选择印象最深刻的帆船酒店，从多个角度进行了更细致的描述。

图 4.2-6 帆船酒店气泡图

问题思考 如何描绘帆船酒店？

根据这个气泡图，孩子在初稿的基础上，增加了对帆船酒店的细致描述，不仅用上了成语"金碧辉煌"来形容酒店的内部装潢，还结合自己的游览经历突出了这家七星级酒店的顶级服务：

帆船酒店是世界上鼎鼎有名的七星级酒店，它修建在迪拜邻近的波斯湾海里。我们通过一座跨海桥，才到达酒店。酒店大堂装饰得金碧辉煌，很多游人在那里排队拍照，幸好酒店服务员照顾得很周到，让前来参观的游人们一点也不觉得拥挤、喧哗。当然啊，超豪华酒店的消费也超级昂贵，我买了一瓶矿泉水，竟然要花20迪拉姆，相当于人民币37元啊！

第四章 延展应用——让孩子的学习力飞起来

例2：对比手法（双气泡图）

针对"重点还不够突出"这一点，家长引导孩子画了一个双气泡图，对作文中写到的帆船酒店和哈利法塔两个景点进行对比。

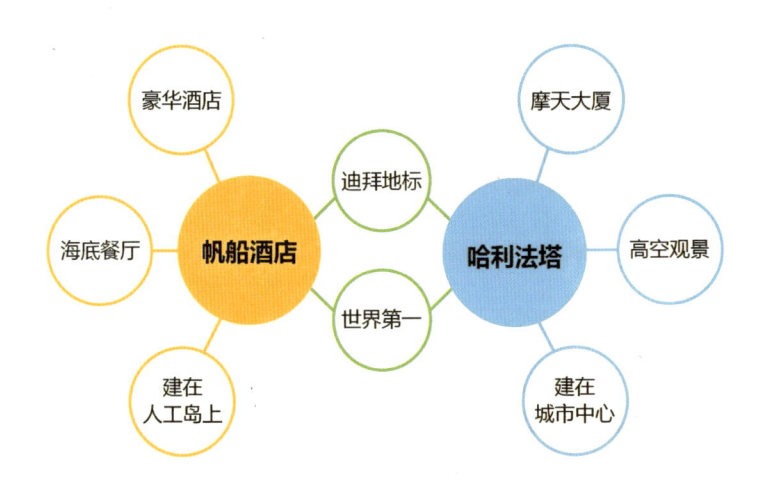

图 4.2-7 比较帆船酒店和哈利法塔的双气泡图

问题思考 帆船酒店和哈利法塔各自有哪些特点？

根据画出的双气泡图，孩子在作文中增加了两个迪拜著名景点的对比描写，增强了感染力：

> 虽然哈利法塔和帆船酒店都是迪拜鼎鼎有名的景点，但是它们特点迥异。帆船酒店建在海中，让游人在奇异的海底餐厅体验豪华酒店的服务。而哈利法塔建在城市的中心，让游人在摩天高楼的观景台上欣赏沙漠之城的壮观景象。

例3：修辞手法 —— 排比句（桥形图）

针对"感受还不够真切"这一点，家长引导孩子画了一个桥形图，回忆在迪拜之旅中，这三个游玩项目给自己带来的最深刻的印象是什么？孩子经过一番思

161

孩子受益一生的思维力

考后，用三个"第一"来进行总结，使得这三个景点的特点体现得更为鲜明。

```
  帆船酒店        哈利法塔         游艇
───────────⋀──────────────⋀──────────
            as              as
第一家七星级酒店    第一高       第一次乘坐
```

图 4.2-8 迪拜之旅印象总结桥形图

问题思考 迪拜游览的三个景点给你留下的最深印象分别是什么？

在写作最后的润色打磨环节，孩子使用气泡图增加了帆船酒店的细节描述，用双气泡图对比突出了帆船酒店和哈利法塔各自的特点，最后又用桥形图对迪拜之旅的印象、感受进行升华。比起初稿，孩子最后完成的"迪拜行"游记作文显然增色不少。

去年暑假，我和爸爸妈妈去迪拜旅游，在那里玩了七天。迪拜是一个沙漠城市，夏天室外温度高达45℃，可是回想迪拜，我丝毫没有想到酷热，印象中只有它的三个"第一"。

头一个第一，是世界第一高楼哈利法塔。我们乘坐超级电梯，在124楼上换乘一次后，5分钟就到了最高的148层。在148楼的贵宾室里，我头一次在一个VR游戏中看到了迪拜城市历史的介绍，感觉真棒！

第二个第一，是世界上第一座七星级酒店——帆船酒店。它修建在迪拜临近的波斯湾海里。我们通过一座跨海桥，才到达酒店。酒店大堂装饰得金碧辉煌，很多游人在那里排队拍照，幸好酒店服务员照顾得很周到，让前来参观的游人们一点也不觉得拥挤、喧哗。当然啊，超豪华酒店的消费也超级昂贵，我买了一瓶矿泉水，竟然要花20迪拉姆，这相

162

当于人民币 37 元啊！

虽然哈利法塔和帆船酒店都是迪拜鼎鼎有名的景点，但是它们特点迥异。帆船酒店建在海中，让游人在海底餐厅体验豪华酒店的服务。而哈利法塔建在城市中心，让我们游人在摩天高楼的观景台上欣赏沙漠之城的壮观景象。

第三个第一，是第一次乘坐了游艇。乘船一点也不新鲜，但在迪拜乘坐游艇，我还是第一次。游艇有上下两层，楼下一层很热，好在那里免费供应冷饮。在游艇上我们又看到了帆船酒店，远远望去，蓝白色的建筑就像停泊在海边的一艘巨型帆船一样，真漂亮！

我在迪拜看到了很多世界第一的新奇的事物，也第一次经历了高温的夏天，玩得好开心。真想再去一次迪拜！

写作既是一种思维过程，也是思维结果的呈现。将思维导图运用在写作上，可以帮助孩子们打开思路，理清脉络，让写作有章有法、言之有物。

公众演讲

演讲是最能直接展现自己能力的方式，优秀的演讲不但能提升影响力、带来自信，更是成为一名领导者的必备技能。无论是学校课程，还是公司会议，一场高水准的演讲总能为演讲者加分。不夸张地说，演讲能力会在很大程度上影响孩子的成长轨迹和职业发展。但这恰恰是咱们国内教育中相对薄弱的地方，且不说孩子，我猜不少爸爸妈妈被要求做公众演讲时，也会心情紧张、一头雾水。怎么和孩子一起把这项技能抓起来呢？

我们来梳理一下演讲的训练方法。美国作家卡迈恩·嘉诺在《像TED一样演讲》一书中，提到了完成一次TED演讲所需的五个阶段，我们用流程图来做个整理。

公众演讲流程图

前期准备 → 撰写讲稿 → 制作PPT → 演练 → 正式演讲

撰写讲稿：主题、素材、提纲、撰稿

图 4.2-9 公众演讲的五个阶段

从公众演讲流程图上，我们看到，一次成功的演讲，从前期准备到最后台上展示，需要经过五个阶段的工作。

第一个阶段，演讲前期需要做什么？我们要弄清楚演讲的主题是什么，听众是谁，他们关心什么？对什么感兴趣？有多少听众？对演讲地点和演讲时间，也要做到心中有数。这些都是我们需要在公众演讲第一个阶段——前期准备期间需要完成的一些事项。

第二个阶段，在演讲设计阶段，我们要根据主题搜集素材，制作大纲，撰写内容初稿并润色打磨。这四个步骤，都可以用到我们前面提到的各种思维导图写作技巧。归根结底，"说"和"写"是密切相关的。

演讲的第三个阶段是制作 PPT，辅助呈现演讲内容和渲染气氛。

接下来的第四个阶段是演练演练再演练！演讲的内容是基础，而实际的演讲效果，只能通过练习才能达到讲述流畅、情感饱满、逻辑严密和时间控制精准等各方面的提升。

最后一步是演讲展示，演讲者站到演讲台上，把精心准备的内容呈现给听众。

TED 演讲作为最著名的演讲舞台，对演讲者的要求极高，因为必须在短短的 18 分钟内至少讲清楚一个道理，同时又必须引人入胜。所以很多 TED 演讲者常常会花几个月时间提前做准备，真所谓"台上一分钟，台下十年功"。

　　同样地，我们帮助孩子培养公众演讲能力时，也完全可以依据这个流程图中介绍的五个阶段来一步一步地练习，不妨定期在家里搞一个小小"家庭 TED"演讲会，家长和孩子轮流就自己感兴趣的话题做准备、分享和评比，不断提高演讲能力吧。

思维导图用于英语

在美国移民数量最多的加利福尼亚州和得克萨斯州，为了让孩子学好英语，将来顺利进入大学和职场，这两个州超过 90% 的小学都以英语为第二语言。这些学校在英语教学中采用了思维导图，有针对性地帮助孩子提高英语学习中最关键的三点：语音（拼读）、单词（拼写）和语法，并取得了卓著的成效。

借鉴美国小学 ESL 英语教学中的成功实践和经验，国内孩子同样也能在思维导图的帮助下有效提升语音拼读、单词拼写和语法知识三大能力，学好英语。

语音拼读

当中国的学生看到一个陌生汉字时，他也许不知道是什么意思，但如果标出拼音，孩子就能把这个字念出来。跟学习汉语拼音类似，学英语也要掌握音标，这样才能顺利拼读出每一个单词。现在系统学习英语拼读的方法多种多样，怎样选出一种最适合自己的学习方法呢？

例 1：用双气泡图对国际音标和自然拼读进行比较分析

IPA 国际音标（International Phonetic Alphabet）是大多数家长在过去学习英语时掌握的一种拼读方法，而最近十年，国内的儿童英语学习掀起了一股"自

第四章 延展应用——让孩子的学习力飞起来

然拼读"的热潮。很多家长开始纠结，给孩子进行英语启蒙时，选择哪一种拼读方法更加合适？与其左右摇摆、盲听盲从，不如来看一个双气泡图，把国际音标和自然拼读这两种方法比较分析，帮你做出一个更适合自己孩子的选择。

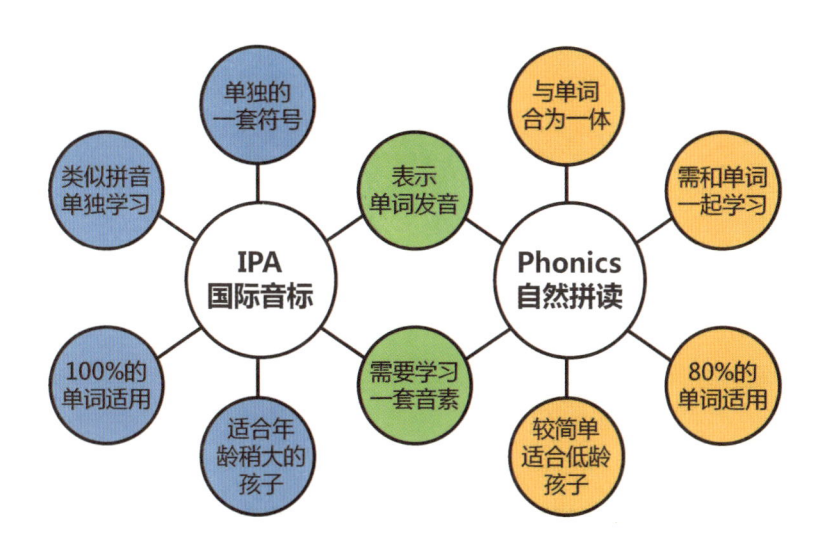

图 4.3-1 国际音标和自然拼读比较双气泡图

问题思考 孩子学习英语拼读，该选择国际音标还是自然拼读？

通过比较分析，我们知道了自然拼读只适用于 80% 的英语单词，剩下的 20% 则需要通过学习国际音标来互为补充。自然拼读简单，适合低龄儿童的英语启蒙，国际音标则更适合稍大的孩子，全面覆盖单词的发音要求。

例 2：用树形图对音素进行整理

在语音学中，音素是声音的最小单位，而音标是记录音素的符号。所以准确来说，国际音标包含了 20 个元音音素和 28 个辅音音素，人们习惯把它们称为 48 个音标。

167

单元音 12 个：

短元音：[i] [ə] [ɒ] [u] [ʌ] [æ] [e]

长元音：[i:] [ə:] [ɔ:] [u:] [ɑ:]

双元音 8 个：

[ai] [ei] [ɔi] [au] [əu] [iə] [eə] [uə]

清浊成对的辅音 10 对：

清辅音：[p] [t] [k] [f] [θ] [s] [tr] [ts] [ʃ] [tʃ]

浊辅音：[b] [d] [g] [v] [ð] [z] [dr] [dz] [ʒ] [dʒ]

其他辅音 8 个：

[h] [m] [n] [ŋ] [l] [r] [w] [j]

那么，在学习国际音标的过程中，我们怎样来记忆这 48 个音素呢？不如试着画一个树形图，来进行分类学习和记忆。

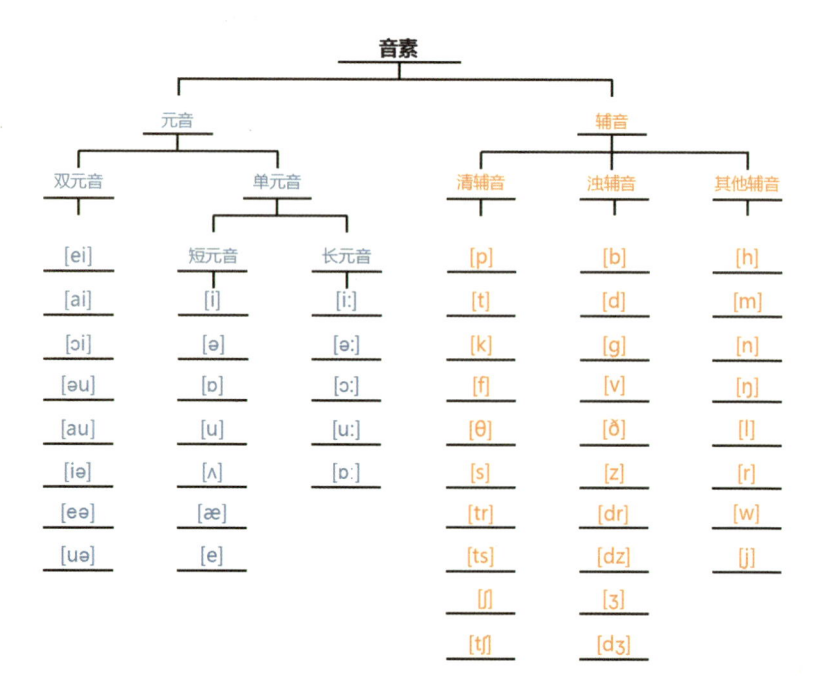

图 4.3-2 IPA 音素总结树形图

问题思考 怎样学习和记忆国际音标？

单词拼写

单词是英语学习的基础，也是很多人都感到头疼的地方。别说是孩子，成人在背单词时也常常会经历"背了又忘，忘了再背"的反复过程。

如何让背单词的过程不那么令人头疼呢？早在数百年前，英国著名作家及政治家切斯特菲尔德伯爵（Lord Chesterfield）就指出了一条捷径："学习一门语言文字的最短、最佳的途径，是掌握它的词根（root），即那些其他单词借以形成的原生词。"这个道理至今仍未过时。英语单词构词法的核心部分正是在于词根，一个单词的意义主要是由词根体现的。词根可以单独成词，也可以彼此组合成词，然后通过前缀和后缀来改变单词的词性和意义。也就是说，大部分单词是由两部分组成的：词根、词缀。

例1：用括号图对单词词根进行拆分

中文是象形文字，我们在学习汉字时，可以通过偏旁部首来帮助理解记忆字的意思。而在英语单词学习中，词根就类似于汉字的偏旁部首，通过拆分一个单词的词根、词缀，可以帮助我们了解一个单词的意义，而不是全靠死记硬背，这和括号图所表示的"整体—部分"关系非常类似。例如单词 telescope，其中的词根 tele 表示"远距离的"，scope 表示"观察仪器的镜"，通过推导，我们可以猜测出：透过观察仪器的目镜，实现远距离观察事物的设备就是"望远镜"。类似地，telephone 表示可以远距离听到声音的设备，那就是"电话"。

```
telescope  { tele（远距离的）
             scope（观察仪器的镜）

telephone  { tele（远距离的）
             phone（声音）
```

图 4.3-3 词根拆分括号图

问题思考 由词根 tele 构成的英文单词有哪些？

例 2：用树形图对单词词缀进行归纳

大部分单词由词根和词缀组成。而词缀又分为前缀和后缀，前缀可以改变单词的词义，后缀决定了单词的词性。例如常用前缀 un 表示否定，那么 unlucky 表示不幸的，uncertainty 表示不确定的，unlimited 表示无限制的。同理，常用后缀 er 表示"……人"，那么 singer 表示歌手（唱歌的人），writer 表示作家（写字的人），等等。当我们掌握了常用词缀所表示的意义后，再看到一个陌生单词，就可以跟词根结合起来推测出词意。不妨让孩子用树形图来整理下他学过的常用前缀、后缀。

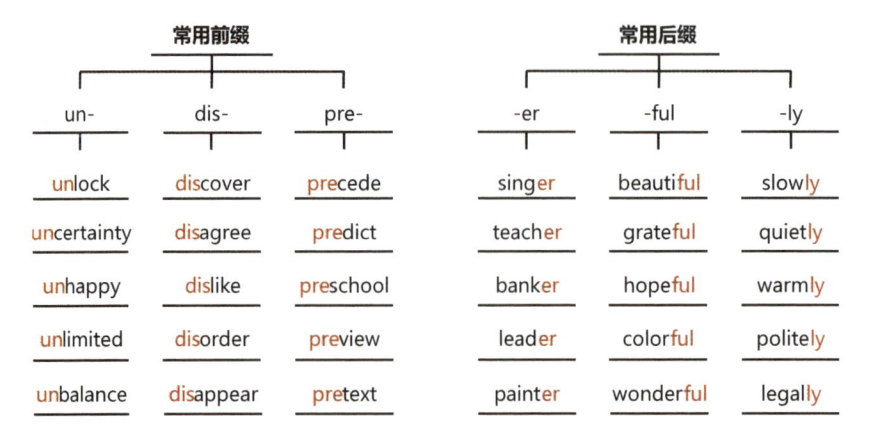

常用前缀			常用后缀		
un-	dis-	pre-	-er	-ful	-ly
unlock	discover	precede	singer	beautiful	slowly
uncertainty	disagree	predict	teacher	grateful	quietly
unhappy	dislike	preschool	banker	hopeful	warmly
unlimited	disorder	preview	leader	colorful	politely
unbalance	disappear	pretext	painter	wonderful	legally

图 4.3-4 常用词缀树形图

第四章 ⬥ 延展应用——让孩子的学习力飞起来

问题思考 常用的英文单词前缀、后缀有哪些？

例3：用树形图整理英语近义词

拆分词根、整理归纳常用词缀，能帮助我们有效理解和记忆单词。但是，单词的运用和其所在的语境非常相关。我们不能把单词从语境中剥离出来，做机械性的记忆，而是要在具体的语境中去学习和记忆单词的不同用法。只有这样，我们才能活学活用每一个单词。

在下面这个例子中，在不同语境下表示"说"的英语单词有很多。在美国的英语写作课上，有一个必学的话题就是"Said is dead"，把"said"枪毙掉，用其他单词来表示"说"。换句话说，就是让孩子们在不同的语境下，避免使用重复的词语，让表达更多样、更细腻、更贴切。

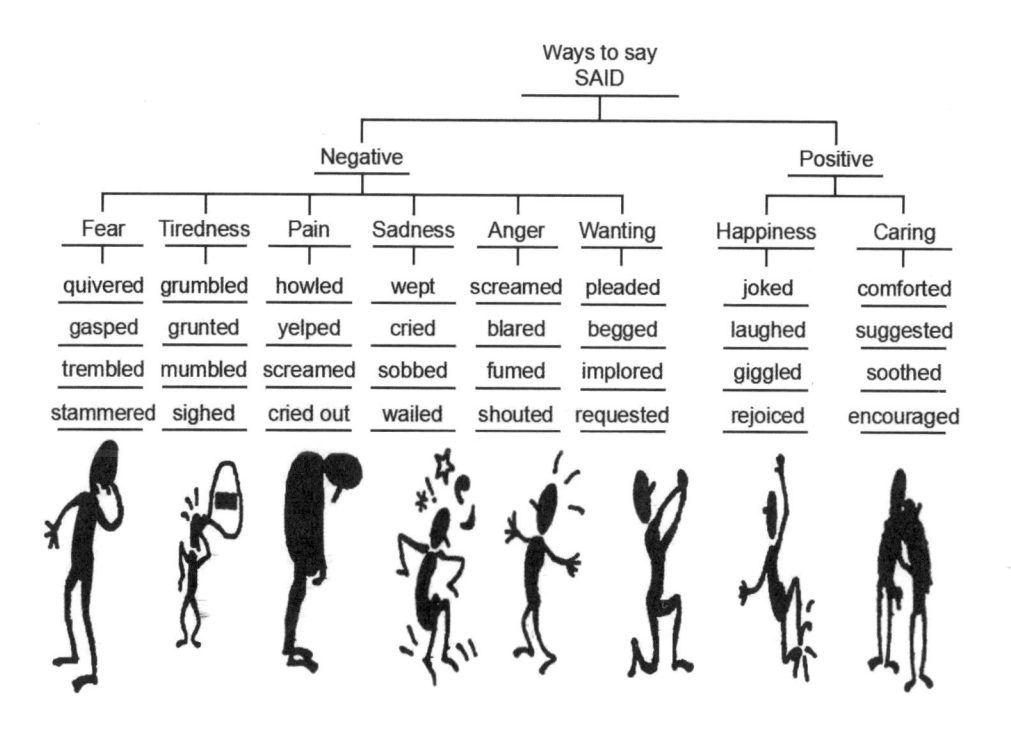

```
                        Ways to say
                           SAID
           ┌─────────────────┴─────────────────┐
        Negative                            Positive
  ┌────┬────┬────┬────┬────┐            ┌────┬────┐
 Fear Tiredness Pain Sadness Anger Wanting  Happiness Caring

quivered grumbled  howled   wept    screamed pleaded   joked    comforted
gasped   grunted   yelped   cried   blared   begged    laughed  suggested
trembled mumbled   screamed sobbed  fumed    implored  giggled  soothed
stammered sighed   cried out wailed shouted  requested rejoiced encouraged
```

图 4.3-5 表示"说"的近义词树形图

171

问题思考 英文单词表示"说"的动词有哪些？分别适用于哪些不同的语境？

这个树形图按照所表达的不同情绪色彩，列出了英语中表示"说"的32个近义词，并且做了两级分类。第一级分类上，分为正面情绪（positive）和负面情绪（negative）两种类型；第二级分类上，正面情绪被细分为高兴和开心，负面情绪被分成悲伤、难过和劳累等6个子类型。清楚明确地了解到表达不同情绪的"说"的动词，对孩子们的写作帮助很大。比方说，当孩子想表现"爸爸高兴地说"，他会写"dad laughed"，而如果想表达"爸爸生气地说"，则用上"dad screamed"更贴切，如果想描写"爸爸很累地叹气说"时，用"dad sighed"则非常传神。

例4：用桥形图来学习介词

对于英语学习者而言，介词是比较难掌握的知识点。但偏偏它的使用相当频繁，在使用频率最高的20个单词中，将近有一半都是介词。介词在英语学习中可以说是无处不在。能不能用好介词往往决定了一个人英语水平的高低。

举个例子，很多孩子在刚接触方位介词时总是容易混淆，特别是在口语表达时，不能把一个事物所处的位置关系清晰地描述出来。如果单纯从方位介词的字面意义去背诵，既不好区分，也不利于孩子形成深刻记忆。

而利用桥形图（如图4.3-6）就能把容易混淆的知识点进行类比，搭配上简单的图示增强可视化效果，就能有效帮助孩子理解每个方位介词所表示的位置关系了。

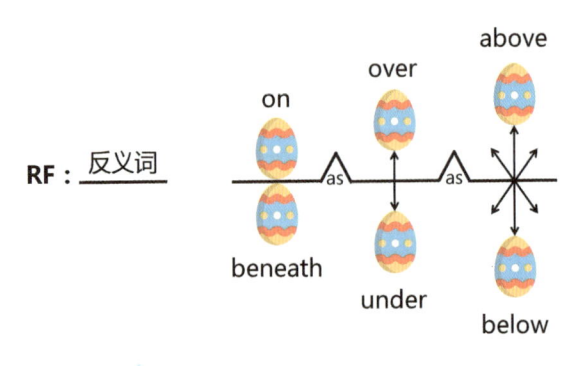

图4.3-6 学习方位介词桥形图

第四章 延展应用——让孩子的学习力飞起来

问题思考 怎样记忆表示方位的英文介词？

语法知识

标准汉语语法中最大的特点是没有严格意义的形态变化——名词没有格的变化，也没有性和数的区别；动词既不划分人称，也没有时态变化。但在英语学习中，一个单词在不同语境下可以产生单复数、比较级、时态等变化。对孩子来说，这些语法与汉语语法实在是天差地别，学习起来自然会有不少困难。使用思维导图，用可视化的方式来呈现英语里复杂的语法知识，可以帮助孩子加深理解，提高记忆。

例1：用桥形图类比基数词和序数词

英语表示数目和顺序的词叫作数词。而数词又分基数词和序数词，基数词表示数量，序数词表示顺序。在汉语里，假设基数词是"1"，那么对应的序数词只需要在前面加个"第"字，就可以变为"第一"，而且这个法则可以套用到所有数字当中。但英语中却完全不同，有时基数词和序数词可以是两个完全不一样的单词，例如one和first。这时，用桥形图来类比记忆1～10的基数词和序数词，是很好的学习方法。

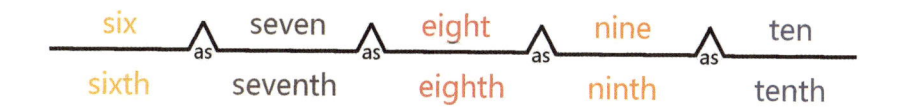

one	two	three	four	five
as	as	as	as	as
first	second	third	forth	fifth

six	seven	eight	nine	ten
as	as	as	as	as
sixth	seventh	eighth	ninth	tenth

图 4.3-7 记忆英语基数词和序数词桥形图

问题思考 怎样学习1~10的基数词和序数词？

173

例 2：用树形图整理常用形容词原级、比较级、最高级

英语中的大多数形容词有三种形式：原级、比较级和最高级，用来表示形容词说明的性质在程度上的不同。

形容词的原级：形容词的原形。

形容词的比较级和最高级：都是在形容词原级的基础上变化而成的。比较级是与另一事物相比较后，表示两者之间更突出的那个，而最高级是指在三个或三个以上的群体中最突出的一个。

在英语考试中，形容词的比较级和最高级是一个易考点。孩子可以借助树形图，把自己平时容易混淆的、易忘掉的形容词做个整理。

比较级和最高级

good	bad	fast	late
better	worse	faster	later
best	worst	fastest	last

图 4.3-8 整理形容词的比较级和最高级树形图

问题思考 怎样记忆常用形容词 good/bad/fast/late 的比较级和最高级？

例 3：用括号图整理动词被动语态

英语动词有主动和被动两种语态。主动语态表示主语是动作的执行者，被动语态表示主语是动作的承受者。被动语态由"be + 过去分词"构成。在时态变化中，被动语态只会改变"be"的形式，而过去分词部分保持不变。例如：

He made the plan. 他做了计划。（主动语态）

The plan was made by him. 计划是他做的。（被动语态）

若是将语态和时态分开来看，都不算复杂，但两者一叠加，不少孩子就容易犯晕。借用括号图，可以帮我们清晰地概括总结出英语被动语态中一些常见时态的变化形式：

英语被动语态
- 现在时
  - 一般：e.g. I am given
  - 进行：e.g. I am being given
  - 完成：e.g. I have been given
- 过去时
  - 一般：e.g. I was given
  - 进行：e.g. I was being given
  - 完成：e.g. I had been given
- 将来时
  - 一般：e.g. I shall be given
  - 进行：N/A
  - 完成：e.g. I shall have been given
- 过去将来时
  - 一般：e.g. I should be given
  - 进行：N/A
  - 完成：N/A

图 4.3-9 总结英语被动语态变化括号图

问题思考 英语被动时态变化包括哪些？

思维导图用于数学

数学是研究数量、结构、变化、空间以及信息等概念的一门学科。数学学习非常耗费脑力，需要掌握很多数学概念，记忆大量的知识点；同时需要熟悉各种题型的解题思路，举一反三。

思维导图作为一种可视化的思维工具，能够非常有效地帮助孩子梳理各种数学概念和知识，同时在画图过程中不断加深对这些概念、解题思路的理解，学会"像数学家一样去思考"。

数学概念

数学概念是对一切数学问题进行分析、演算、推理的基础，是判断的依据。小学数学中基本的概念包括：数与运算、几何图形、量与计量、代数方程，以及统计初步知识的相关概念等。

大量教学实践证明，孩子只有准确地掌握了数学概念，才能做正确的判断和推理，提高运算和解题技能，解决数学问题。从下面三组例子，我们来了解思维导图如何帮助孩子理解数与运算、几何图形和计量单位相关的概念知识。

数与运算

数与运算是小学数学教学内容的主要部分，而这部分是建立在良好的数感基础上的。所以，什么是数感呢？

数感这个词，是从英文词组 number sense 直接翻译过来的。它的意思很宽泛，简而言之就是指孩子可以灵活机动地使用数字。根据美国数学教师委员会（NCTM，National Council of Teachers of Mathematics）的定义，数感培养包括以下几方面：

· 了解数字，以及不同的数字的表示方式。
· 了解数字之间的关系，以及我们的数字体系（比如十进制或二进制）。
· 解不同的运算，知道不同运算符号之间的优先级关系。
· 可以在现实生活中使用数字。

灵活运用思维导图的不同图示，可以帮孩子更轻松地掌握跟数感有关的知识点。比如下面几个例子。

例 1：用双气泡图来理解约数和公约数

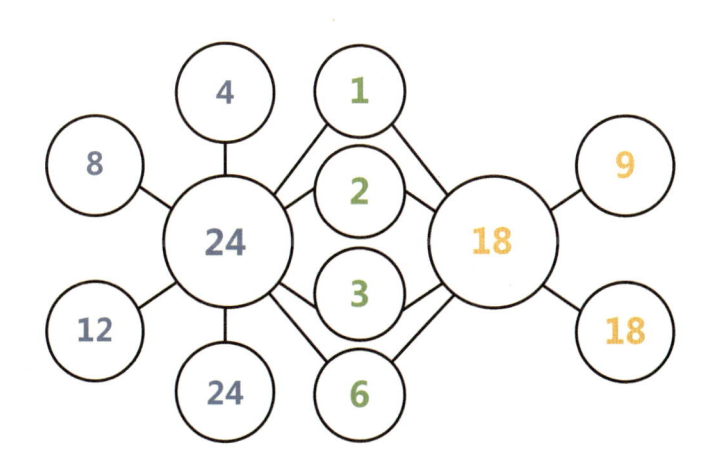

图 4.4-1 用双气泡图理解约数和公约数

问题思考 比较 24 和 18 的约数，找出它们的相同的约数有哪些？

例 2：用流程图来排序运算符优先级

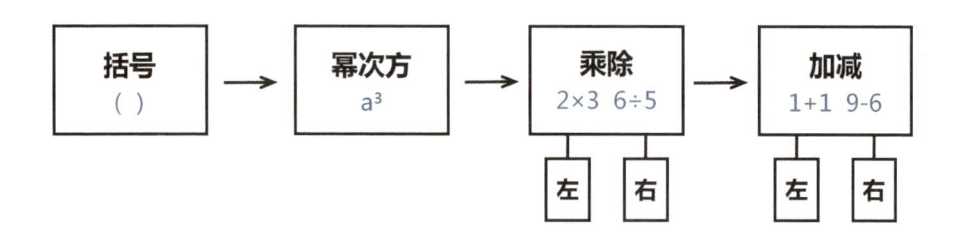

```
┌──────┐     ┌──────┐     ┌──────────┐     ┌──────────┐
│ 括号 │ ──▶ │ 幂次方│ ──▶ │   乘除   │ ──▶ │   加减   │
│ ( )  │     │  a³  │     │ 2×3  6÷5 │     │ 1+1  9-6 │
└──────┘     └──────┘     └──────────┘     └──────────┘
                               │  │              │  │
                              ┌──┐┌──┐          ┌──┐┌──┐
                              │左││右│          │左││右│
                              └──┘└──┘          └──┘└──┘
```

图 4.4-2 用流程图理解运算符优先级

问题思考 数学计算中，各种运算符优先级从高到低的排列顺序是什么？

几何图形

"空间与图形"中几何概念的学习是小学数学中非常重要的内容。孩子对几何图形并不陌生，因为从小就玩过各种各样的积木，早就知道三角形积木可以用来搭房顶，长方体可以用来垒高墙。可在生活中大致认识是一回事，怎么用严谨、抽象的数学术语去定义、描述又是另一码事了。借助思维导图，可以帮孩子可视化地梳理这些概念：

例 1：用圆圈图来理解三角形相关的知识

常见的三角形按边分有普通三角形（三条边都不相等），等腰三角形（腰与底不等的等腰三角形，腰与底相等的等腰三角形即等边三角形）；按角分有直角三角形、锐角三角形、钝角三角形等，其中锐角三角形和钝角三角形统称斜三角形。

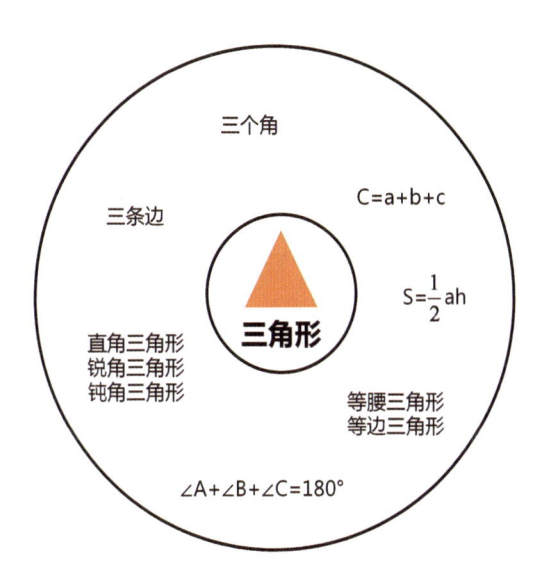

第四章 ◆ 延展应用——让孩子的学习力飞起来

图 4.4-3 三角形的有关知识圈圈图

问题思考 跟三角形有关的知识点，你知道哪些？

例 2：用括号图来理解三角形和其他平面图形的组成关系

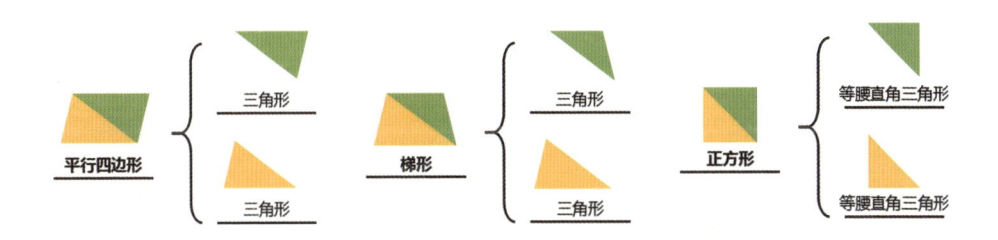

图 4.4-4 三角形组成其他平面图形的括号图

问题思考 三角形两两组合可以构成其他哪些平面图形？

计量单位

计量单位一直是小学数学学习中的重要内容，如周长单位、面积单位、体积单位等。通过这些计量单位，用标准化的方式量化描述物体的属性，进而可以对物体进行比较、分析、运算等数学处理。可以说，计量单位为各种数学概念与空间几何之间架构起一座桥梁。计量单位除了在日常生活中常常会提到的一些，大多数对初次接触的孩子来说颇为陌生，需要一定的梳理来帮助理解和记忆。下面是用思维导图对常见的计量单位进行分类和顺序排列整理的两个例子。

例1：用树形图分类整理常见的计量单位

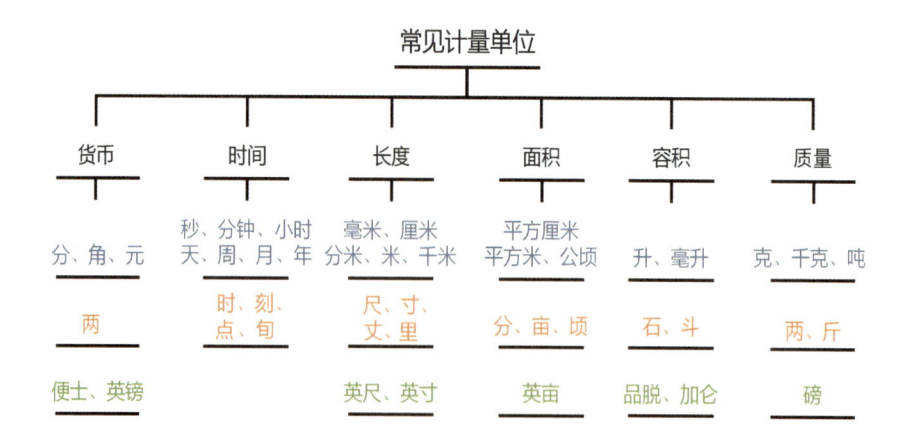

```
                      常见计量单位
    ┌──────┬──────┬──────┬──────┬──────┬──────┐
   货币    时间    长度    面积    容积    质量

   分、    秒、分钟、小时  毫米、厘米  平方厘米    升、毫升  克、千克、吨
   角、    天、周、月、年  分米、米、千米 平方米、公顷
   元

           时、刻、   尺、寸、      分、亩、顷   石、斗    两、斤
           点、旬    丈、里

   便士、英镑         英尺、英寸    英亩        品脱、加仑  磅
```

图 4.4-5 常见的计量单位树形图

问题思考 计量单位有哪些类别？

例2：用流程图整理常见的长度单位

国际公制长度单位

毫米 ×10→ 厘米（公分） ×10→ 分米 ×10→ 米 ×1000→ 千米

180

中国传统长度单位

寸 —×10→ 尺 —×3(约)→ 米

图 4.4-6 常见的长度单位依次排列流程图

问题思考 常见的长度单位从小到大怎样排列？

解题流程

著名美国数学家和数学教育家乔治·波利亚（George Polya）在他的畅销书《怎样解题》中提到，数学解题过程可以分成四个步骤，只要解题时按这四个步骤去做，正确率就会大大提高。四个步骤：

第一，审题，也就是要弄清问题是什么。
第二，分析，找出已知条件和未知问题之间的联系，确定解题思路。
第三，答题，也就是考试中通常强调的"规范答题"。
第四，验算，检验结果。

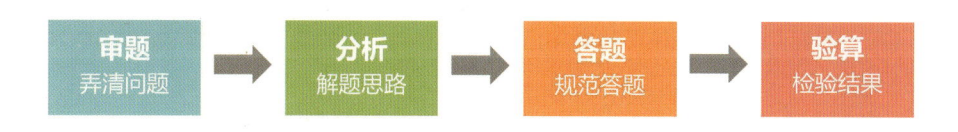

审题 弄清问题 → 分析 解题思路 → 答题 规范答题 → 验算 检验结果

图 4.4-7 数学应用题解题流程图

问题思考 数学应用题应该按什么顺序解题？

在这四个步骤中，第一步读题和第二步分析都需要经过大量的思维过程，寻找出解题的正确思路，相比而言，第三步答题和第四步验算，则主要是在执行层

孩子受益一生的思维力

面上实施解题过程。

下面,我们通过几个例子来了解怎样使用思维导图辅助寻找解题思路。

审题

弄清问题是什么,是解题的第一步。

在小学数学学习中,我们经常会发现这样的现象:明明是一道非常简单的题目,孩子却总是出错。究其原因,往往就出在审题上。比如一道应用题:"小明从1楼开始爬楼,3分钟后,爬到了3楼"和"小明从1楼开始爬楼,3分钟后,爬了3楼",一字之差,"爬到了"和"爬了"是完全不同的已知条件。一旦审题出了偏差,解出来的答案也一定是错误的。

在数学审题过程中,需要弄清楚以下两个问题:

· 已知条件有哪些?
· 求解的问题(未知数)是什么?

括号图是一个非常有用的数学审题工具,它帮助孩子把数学问题拆分成已知条件和求解问题,可视化地表示出来,从而帮助孩子理解题意。

我们通过下面的范例来了解括号图如何对一道数学应用题进行拆分。

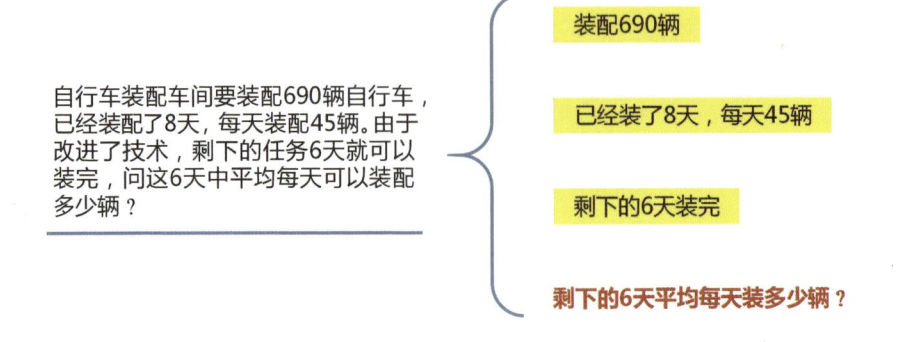

自行车装配车间要装配690辆自行车,已经装配了8天,每天装配45辆。由于改进了技术,剩下的任务6天就可以装完,问这6天中平均每天可以装配多少辆?

- 装配690辆
- 已经装了8天,每天45辆
- 剩下的6天装完

剩下的6天平均每天装多少辆?

图 4.4-8 数学应用题审题括号图

问题思考 这道应用题题目包括已知条件和未知问题分别是什么?

分析

绘本大师安野光雅在《美丽的数学》中提到，数学不限于数字、图形，而是"认知和思考事物的方法"。数学思维就是把生活中的一些问题转化为数学问题的思维，是一种能够用数学的观点去思考问题和解决问题的能力。

数学分析的主要任务，就是通过假设、归纳、演绎、判断、推理等一系列的思考，找出已知条件和求解问题之间的联系，从中发现解题思路。在分析过程中，需要思考以下问题：

· 看着求解问题，想一想，类似的问题，你以前见过吗？

· 求解这个问题需要哪些条件？

· 有哪些可能用得上的定理？

· 如果这个问题不能完全解决，能不能解决其中的一部分？

· 能不能从已知条件推导出某些有用的新的已知数？

· 能不能改变求解问题或已知条件，或者两者都改变，使新的求解问题和新的已知条件更接近？

· 是不是所有的已知条件都用到了？

思维导图的八种图，是八种可视化思维工具。在分析数学问题的过程中，这八种工具无论是单独使用，还是组合运用，都能有效地帮助孩子思考，提高解题效率。

我们来看两个例子。

例1：用桥形图推理演算

根据前两个圆圈里的四个数字，请问，第三个圆圈里问号处应该填什么数字？

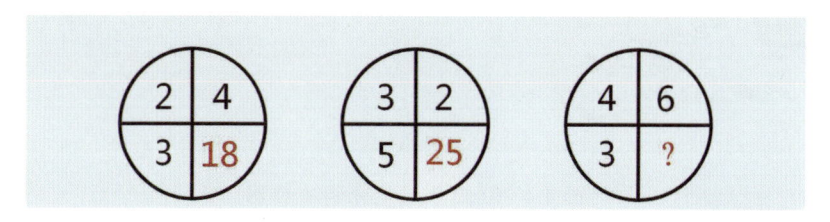

孩子受益一生的思维力

$$\underset{18}{3\times(2+4)} \triangle as \underset{25}{5\times(3+2)} \triangle as \underset{30}{3\times(4+6)}$$

RF：___等于___

图 4.4-9 找规律奥数题桥形图

问题思考 观察前几组数有什么规律？根据这个规律，第三组数该如何运算？

例2：用流程图和因果图结合，假设法解答鸡兔同笼问题。

鸡兔同笼共35只，有足80只，问：鸡兔各有多少只？

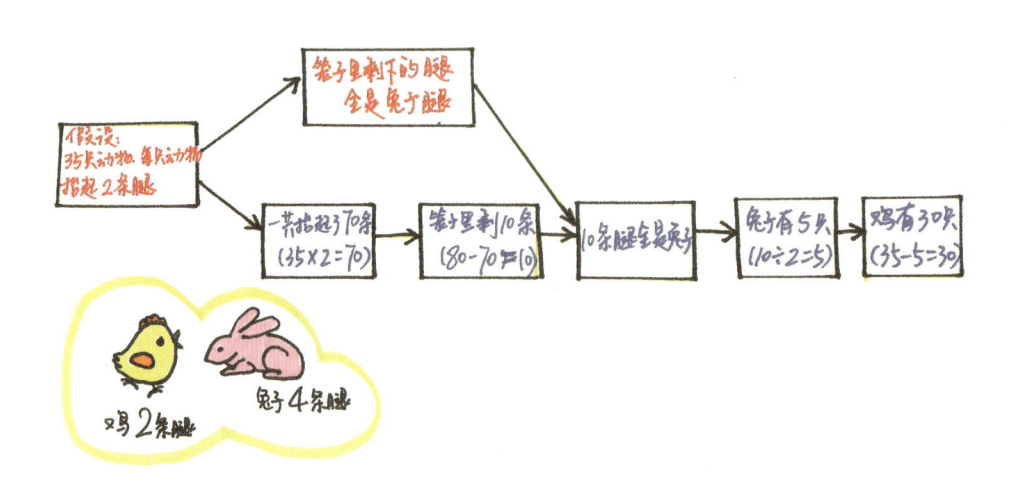

图 4.4-10 鸡兔同笼分析流程图

184

第四章 延展应用——让孩子的学习力飞起来

问题思考 在鸡兔同笼问题中，如何从已知条件推导出未知问题？解题步骤是什么？

说明

鸡兔同笼问题的难点是一个问题中包含了两个未知数，所以解题的关键是要找到新的条件，通过筛选，只留下一个未知数。这个分析中用到了假设法。在假设条件"35只动物，假如每只动物都抬起2条腿"下，结合隐含已知条件"兔子4条腿，鸡有2条腿"，可以推算出一共抬起70条腿（35×2=70），并且推算出一个新的隐含已知条件"笼子里剩下的腿，全部是兔子的腿"。根据这个新的已知条件，我们就更加接近最后答案，直接算出兔子的只数就非常简单了。

答题

经过前两步找出解题思路后，第三步"答题"则要落实在运算实践上。这一步考察的主要是对算法的比较和选择，以及答题步骤的细致性和规范性。

这一步常出现的情况是，算法的选择不够优化，导致运算失误。或者答题步骤表述过于简单，甚至只有答案没有过程。这些问题使孩子在考试时因为粗心而被扣分，非常可惜。

流程图可以帮助孩子有条理地答题，规范答题步骤的表述。我们用两个例子演示一下。

例1：用流程图解答计算题。

题目：99×12+100=？

(100-1)×12+100 → 100×12-1×12+100 → 100×(12+1)-12 → 1300-12 → 1288

图 4.4-11 计算题解题步骤流程图

问题思考 有没有巧算的办法？该按什么顺序计算？

185

例2：使用括号图，解答几何题。

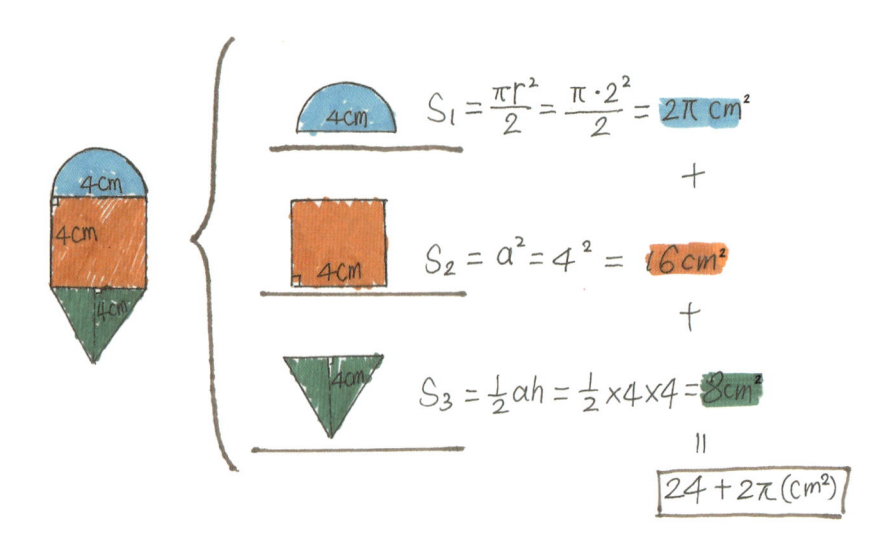

$$S_1 = \frac{\pi r^2}{2} = \frac{\pi \cdot 2^2}{2} = 2\pi \text{ cm}^2$$

$$+$$

$$S_2 = a^2 = 4^2 = 16 \text{ cm}^2$$

$$+$$

$$S_3 = \frac{1}{2}ah = \frac{1}{2} \times 4 \times 4 = 8 \text{ cm}^2$$

$$=$$

$$24 + 2\pi \text{ (cm}^2)$$

图 4.4-12 组合几何图形面积计算括号图

问题思考 组合几何图形的面积由哪几个部分构成？怎么计算？

验算

验算就是原算式的逆运算，把解答结果代进原题中，跟已知条件配合求解，验证是否得到预计的结果。如果验算结果不对，往往需要返回第三步找到出错的源头，因此，如果第三步答题步骤表述得足够清楚，检查起来就会十分高效。反之，如果没有养成良好的答题习惯，答题步骤不清楚，书写潦草，就非常不利于验算检查。

思维导图用于科学

科学源自人类对自然界奥秘的探索和揭秘。正如牛顿看到苹果落地，会产生疑问，思考苹果为什么会向下落一样，几乎所有的科学探索都源自人类观察到某种自然现象后所产生的问题。

本节将会介绍几个有关生物、物理和化学学习的典型例子，围绕科学问题思考流程（如下图），帮助家长和孩子们了解思维导图如何应用于这三门自然学科知识的学习。

像科学家一样的思考流程

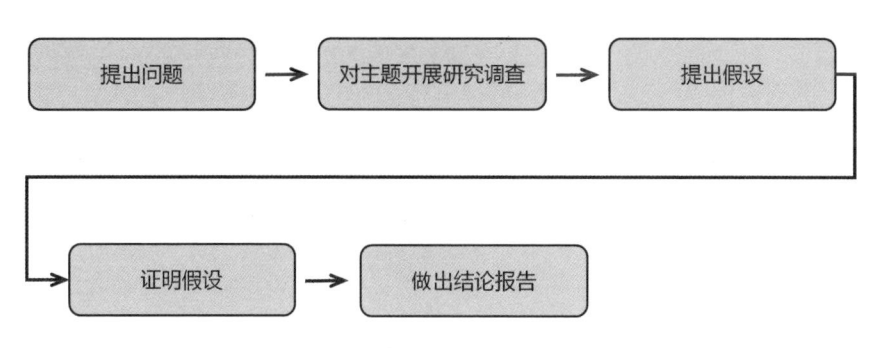

提出问题 → 对主题开展研究调查 → 提出假设 → 证明假设 → 做出结论报告

图 4.5-1 科学问题思考流程图

生物学

生物学是研究生命现象活动规律的科学，它既解释了生物体的起源，又影响着生物体的演变之路。

孩子在小学阶段就会接触到生物学研究的一个重要主题——动物和植物的生命周期。这个主题特别适合用流程图来总结，看起来非常直观，也更容易理解和记忆。

例1：用流程图来研究蝴蝶的生命周期

图 4.5-2 蝴蝶生命周期流程图

问题思考 蝴蝶的生命周期会经过哪几个阶段？

例2：用因果图分析光合作用

科学研究离不开科学实验，而假设和因果推理是设计很多科学实验的依据。比如在研究植物光合作用，进行科学实验之前，可以先用因果图对光合作用的产生原因和可能造成的影响做出分析，然后再根据假设分析设计不同的实验条件，对假设进行验证。

第四章 延展应用——让孩子的学习力飞起来

参考资料：光合作用

　　光合作用（Photosynthesis）是绿色植物利用叶绿素等光合色素和某些细菌（如带紫膜的嗜盐古菌）利用其细胞本身，在可见光的照射下，将二氧化碳和水转化为储存着能量的有机物，并释放出氧气的生化过程。同时也有将光能转变为有机物中化学能的能量转化过程。植物之所以被称为食物链的生产者，是因为它们能够通过光合作用利用无机物生产有机物并且贮存能量。通过食用，食物链的消费者可以吸收到植物及细菌所贮存的能量，效率为10%～20%左右。对于生物界的几乎所有生物来说，这个过程是它们赖以生存的关键。而地球上的碳氧循环，光合作用是必不可少的。

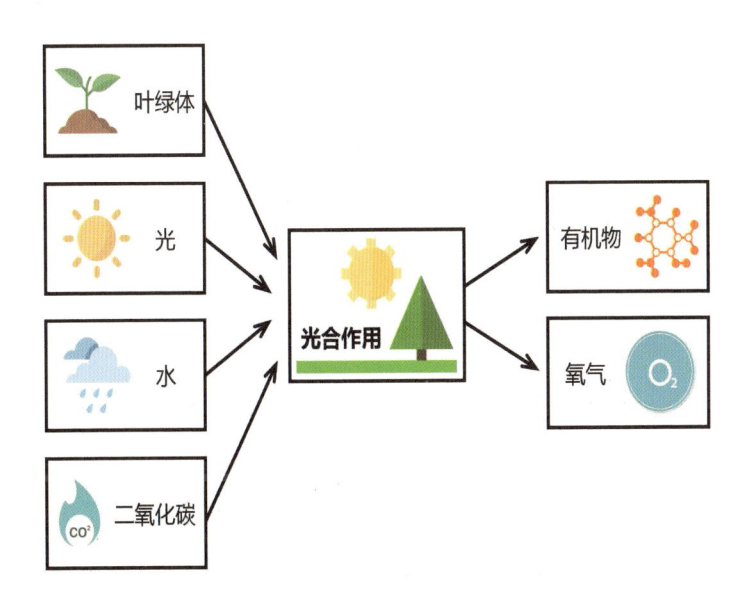

图 4.5-3 光合作用因果图

问题思考　哪些条件促使光合作用发生？光合作用后对自然界可能会产生哪些影响？

189

孩子受益一生的思维力

物理

物理学是研究物质运动最普遍的规律和物质基本结构的学科，注重对物质、能量、空间和时间的研究，尤其是它们各自的属性与相互之间的关系。

思维导图在物理学习中也是一位好帮手，我们来看两个例子。

例1：用树形图理解物质的三种状态

使用树形图，区分物质的三种状态（即气态、液态和固态），识别每种状态的特性并寻找生活中的实例，能帮助学生对加深对"物质"概念的认识和理解。

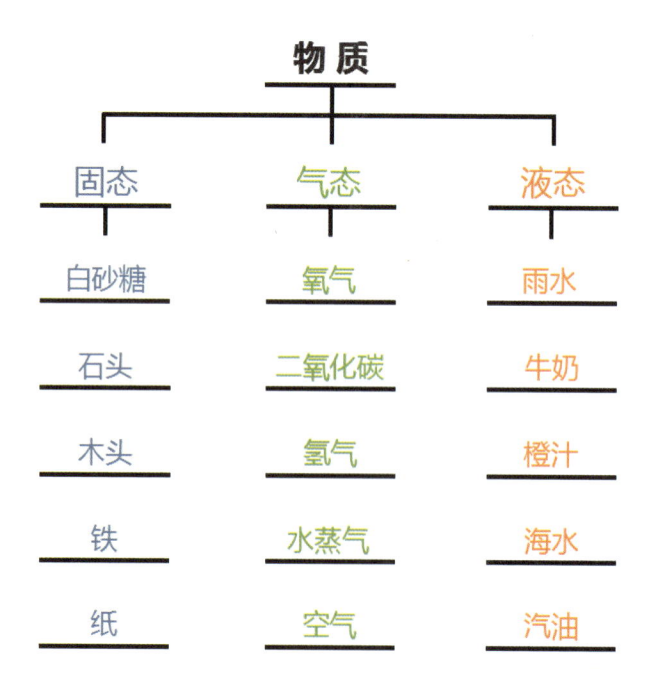

```
                    物  质
        ┌─────────────┼─────────────┐
       固态          气态          液态
       ──            ──            ──
      白砂糖         氧气           雨水
       ──            ──            ──
       石头         二氧化碳         牛奶
       ──            ──            ──
       木头          氢气           橙汁
       ──            ──            ──
        铁          水蒸气          海水
       ──            ──            ──
        纸           空气           汽油
```

图 4.5-4 物质类型树形图

问题思考 常态为气态、液态和固态的物质分别有哪些？

190

例2：用双气泡图比较陶瓷器皿和金属器皿

"比较异同"是科学调查研究中常常需要用到的一个步骤，双气泡图正好能担此任。比如在下面这个例子中，双气泡图帮助孩子从物质重要的三个物理特性，磁性、导电性和导热性这三个方面对陶瓷器皿和铁器皿做比较，分析不同器皿的优劣之处。

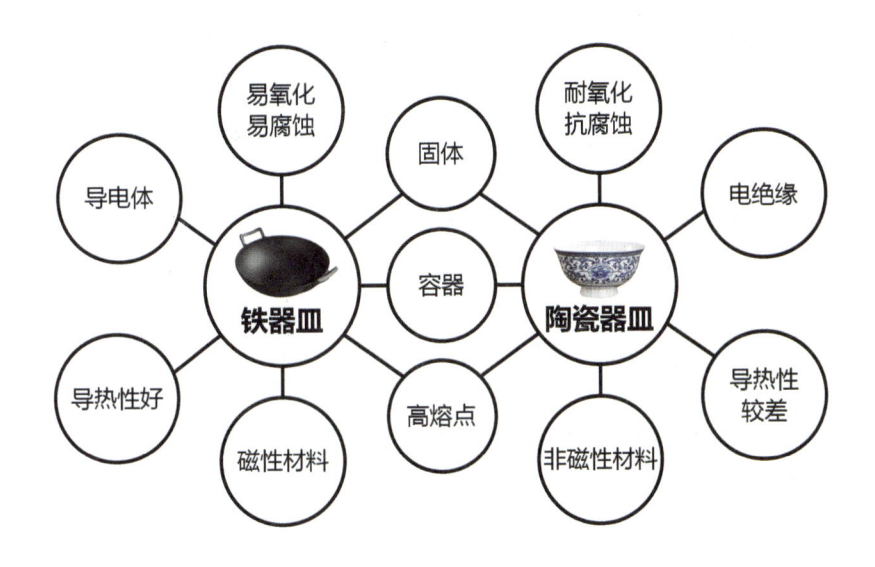

图 4.5-5 铁器皿和陶瓷器皿比较的双气泡图

问题思考 陶瓷器皿和铁器皿在使用时各有哪些优劣之处？

化学

"化学"一词，若单是从字面解释，就是"变化的科学"，主要研究不同化学物质之间的相互作用，因此，化学也是一门特别强调以实验为基础的自然科学。

化学实验在化学教学中占有十分重要的地位，它能帮助学生认识化学概念，理解和掌握化学知识。所以，正确掌握实验的基本方法和技能非常重要，在做化学实验之前，必须准确地设计实验步骤顺序，任何不恰当的实验顺序，都会直接影响化学科学研究的结果和结论。

例1：下面是一个用流程图表示化学小实验步骤的例子。

"火山爆发"小实验

第1步：向两个玻璃杯各倒入半杯白醋。 → 第2步：把绿色和粉色色素分别滴入两个杯子里。 → 第3步：分别加入4~5滴洗涤灵，搅拌均匀。

第4步：快速往玻璃杯中加入1~2勺小苏打。 → 第5步：观察变化。

实验材料：白醋、玻璃杯2个、洗涤灵、小苏打、盘子1个、色素（绿+粉）。

图 4.5-6 "火山喷发"实验流程图

问题思考 "火山喷发"的实验分哪几个步骤？

例2：化学学习中，物质的元素构成是一个重要的知识点。使用表示整分关系的括号图，可以帮助学生直观地"看到"一种物质的组成结构，比如空气的构成成分。

参考资料：空气构成

空气是多种气体的混合物。它的恒定组成部分为氧、氮，以及氩等稀有气体，可变组成部分为二氧化碳和水蒸气，它们在空气中的含量随地球上的位置和温度不同在很小限度的范围内会微有变动。至于空气中

第四章 延展应用——让孩子的学习力飞起来

的不定组成部分，则随不同地区变化而有不同。例如，靠近冶金工厂的地方会含有二氧化硫，靠近氯碱工厂的地方会含有氯，等等。此外空气中还有微量的氢、臭氧、氧化二氮、甲烷以及或多或少的尘埃。实验证明，空气中恒定组成部分的含量百分比，在离地面100km高度以内几乎是不变的。以体积含量计，氧约占 20.95%，氮约占 78.09%，氩约占 0.932%。

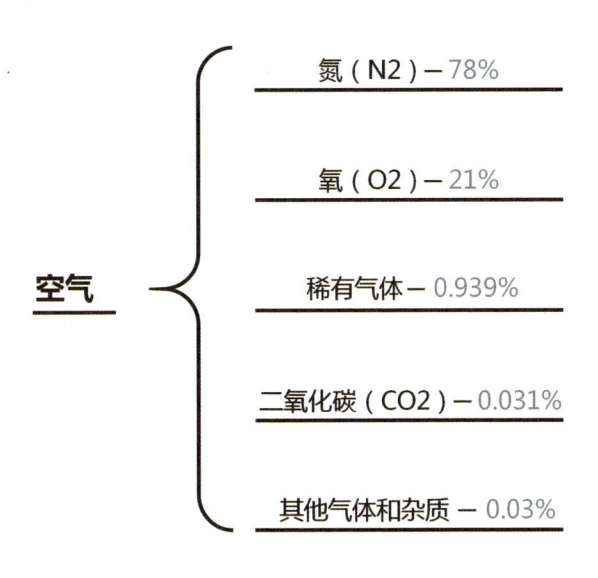

空气 {
- 氮（N2）— 78%
- 氧（O2）— 21%
- 稀有气体 — 0.939%
- 二氧化碳（CO2）— 0.031%
- 其他气体和杂质 — 0.03%
}

图 4.5-7 空气的构成成分括号图

问题思考　空气的构成成分有哪些？

思维导图与记忆力

在基础教育阶段，孩子的记忆力对学习成绩的影响是非常直接的。因为这个阶段主要在积累基本知识，比如语文的古诗词、数学的概念定理公式、英语的单词等。记忆力好的孩子往往事半功倍，不但成绩好，还能省下不少时间进行课外阅读和运动。思维导图在帮助孩子提高记忆力方面，也有着不凡的表现。

我们在第一章中说到，科学家们按照记忆持续的时间长短，把记忆分为三类：

· 感觉记忆（Sensory memory）
· 短期记忆（Short-term memory）
· 长期记忆（Long-term memory）

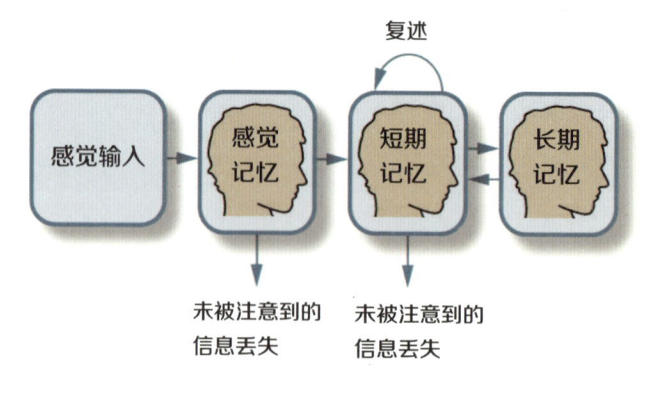

图 4.6-1 大脑记忆三种类型

第四章 🎓 延展应用——让孩子的学习力飞起来

其中感觉记忆接收到的信息最多，但停留时间最短（0.25～4秒），感觉记忆如果没有受到注意，很快就会消失；只有那些受到注意的信息，才能进入短期记忆；短期记忆的持续时间要长些，但也很有限（15～30秒，最长不超过1分钟）。短期记忆有时也被称为电话号码式记忆，就像我们查到电话号码后立刻拨号，通完了电话，号码也就被遗忘了。如果想要让进入短期记忆的信息不被遗忘，必须对这些信息进行复述，可以大声进行，也可以是无声地、通过内部言语形式进行，或者和长期记忆里的内容建立起某种联系，最终它才能进入长期记忆（保存时间为几天到几年不等）。

因此，为了更多的有效信息被记得住、记得久、想得起，我们需要相应地在这三个阶段做出努力：

第一阶段，感觉记忆中"抓住"，通过图形、色彩，刺激身体各个感觉器官，让信息容易被孩子的眼球捕获。第二阶段，短时记忆中"留住"，通过理解，促使信息进入长期记忆。第三阶段，长期记忆中"巩固"，通过归纳整理，促进信息存入长期记忆，提高信息提取的高效性。

思维导图作为一个可视化的思考工具，在这三个阶段都能帮助孩子记忆。

抓住信息

感觉记忆是第一关，如果信息在这里被忽略掉了，后面的记忆阶段就都无从谈起了。在这个阶段，那些越能刺激身体各个感觉器官的信息，越容易被"抓住"，比如颜色、图形等，就能很好地被孩子的眼球捕获。美国老师非常善于利用这点，设计教室里的张贴海报就是他们备课内容的一部分。思维导图的八种图示，就经常被他们用来整理孩子们当前正在学习的知识、正在精读的绘本，然后贴在墙上，从视觉上抓住孩子的注意力。

另外，作为思维导图的一个高阶技巧，颜色增强（color enhancement），即从颜色上刺激孩子的视觉感官，增强信息的视觉差异化和敏感度，可以非常有效地帮助记忆。

195

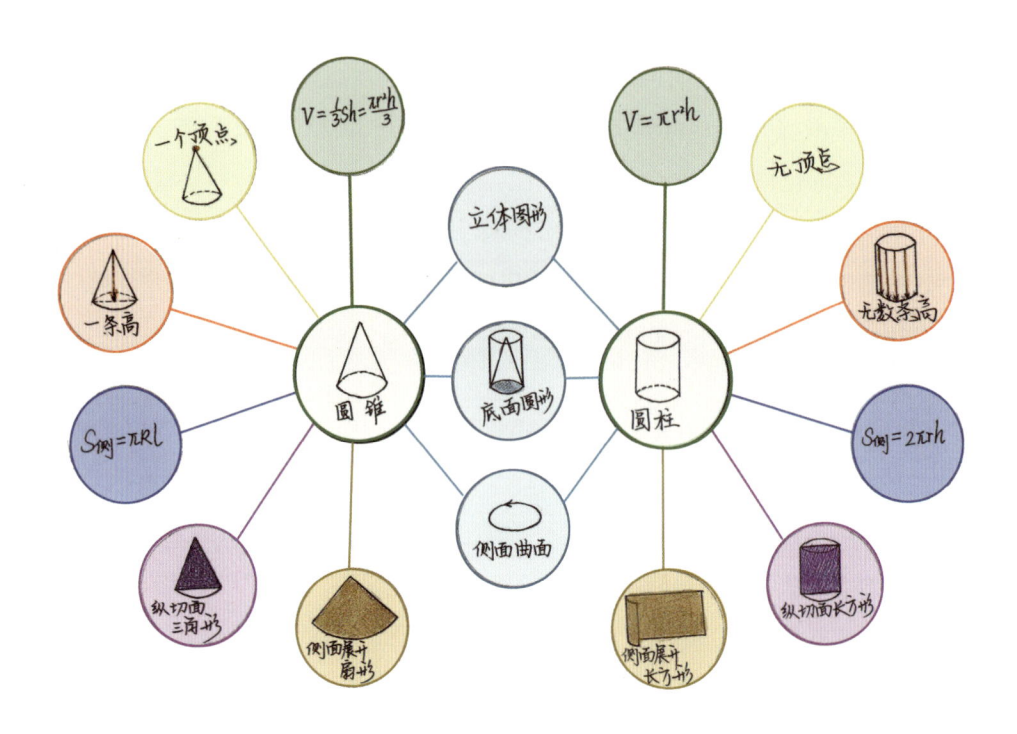

图 4.6-2 颜色增强的双气泡图

理解信息

所谓理解，是指当提到某一信息时，头脑中能马上想到和它有关的知识，知道它的应用或意义，了解它跟有关知识的联系。理解信息需要借助积极的思维活动，把握信息材料的特点和内在各个部分之间的逻辑关系，以及它与以前已知的知识经验之间的联系，使之融入现有知识结构体系，或丰富、扩展已有的知识体系。

选择合适的思维导图，比如桥形图和双气泡图，让新知识和旧知识建立联系，能帮助理解信息，促进信息记忆。

例1：用桥形图连接新旧知识来理解信息

既然在新旧知识之间建立联系，是理解记忆重要的一环，那么通过和原有知识的类比联想，建立起有意义的联系，就能有效帮助记忆新知识。比如，中国有23个省、4个直辖市、5个自治区，以及2个特别行政区，每个省级行政区都有自己的简称，一下子全部记住不太容易。利用桥形图类比连接和无限延展的特点，我们可以从熟悉的北京、上海开始，逐步找到其他省级行政区及其简称，并添加到桥形图上，让新旧知识在可视化的桥形图上融为一体。

RF：省会简称

北京 as 上海 as 天津 as 重庆 as 广东省 as 河北省 as 江苏省
京　　　沪　　　津　　　渝　　　粤　　　冀　　　苏

图 4.6-3 省会简称桥形图

问题思考　北京的简称是"京"，上海的简称是"沪"，那么天津的简称是什么？你还知道其他哪些省级行政区的简称？

例2：用双气泡图做比较加深理解

理解记忆的另一种做法是比较记忆。常言道，有比较才有鉴别，有鉴别才好区分。对于相近、相似的字词或者概念，我们可以通过对比找出它们的异同之处，不但有助于理解，还能使记忆信息纳入知识结构系统，形成长期记忆。

比如，唐诗宋词都是中华诗词的文化瑰宝，我们可以使用双气泡图，从形式、格律、情感和代表诗人多个方面进行比较，找出两种文学体裁的相同和不同之处，让我们对两种古体诗的特点有更细致的把握和记忆。

孩子受益一生的思维力

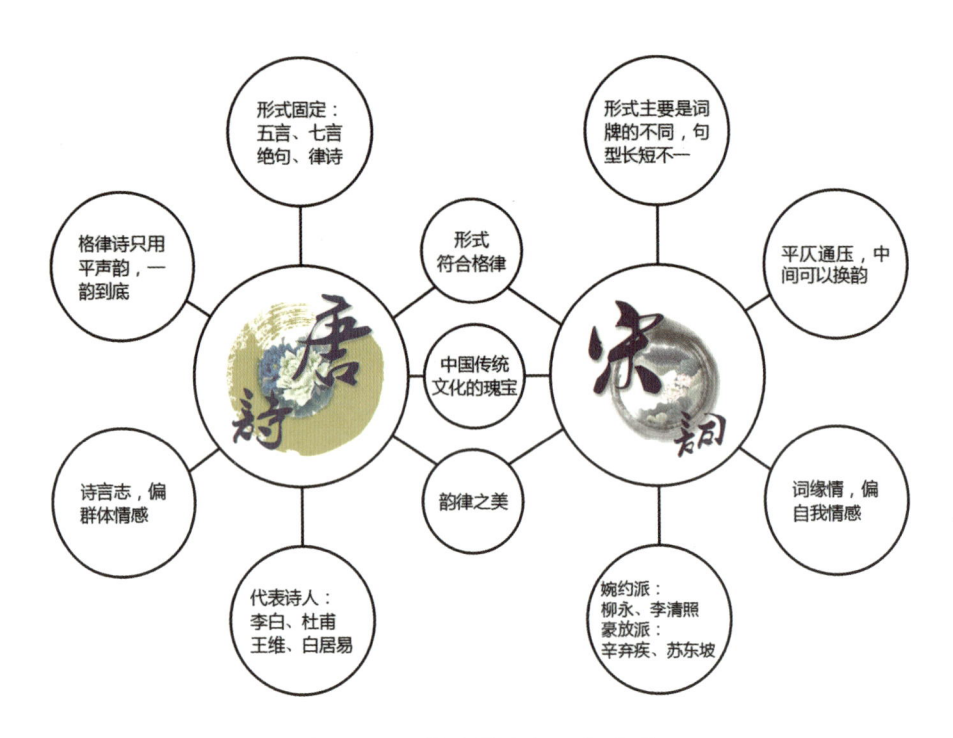

图 4.6-4 比较唐诗宋词双气泡图

问题思考 唐诗和宋词有什么相同和不同之处？

组织信息

经过前两个阶段，感官记忆抓住和在工作记忆区留住已经能让信息存入永久记忆了。但是如果没有做定期的整理，时间长了这些信息难免趋于杂乱。所以，就如同屋子需要定期打扫一样，信息也需要定期整理，以提高永久记忆中信息存储和提取的效率。

孩子们平常的每日小结、每周小结，以及期中和期末的复习，都是在整理知识。在这些复习整理中用到思维导图，能起到事半功倍的效果。我们用三个例子来了解一二。

第四章 延展应用——让孩子的学习力飞起来

例1：用括号图做英语期末复习

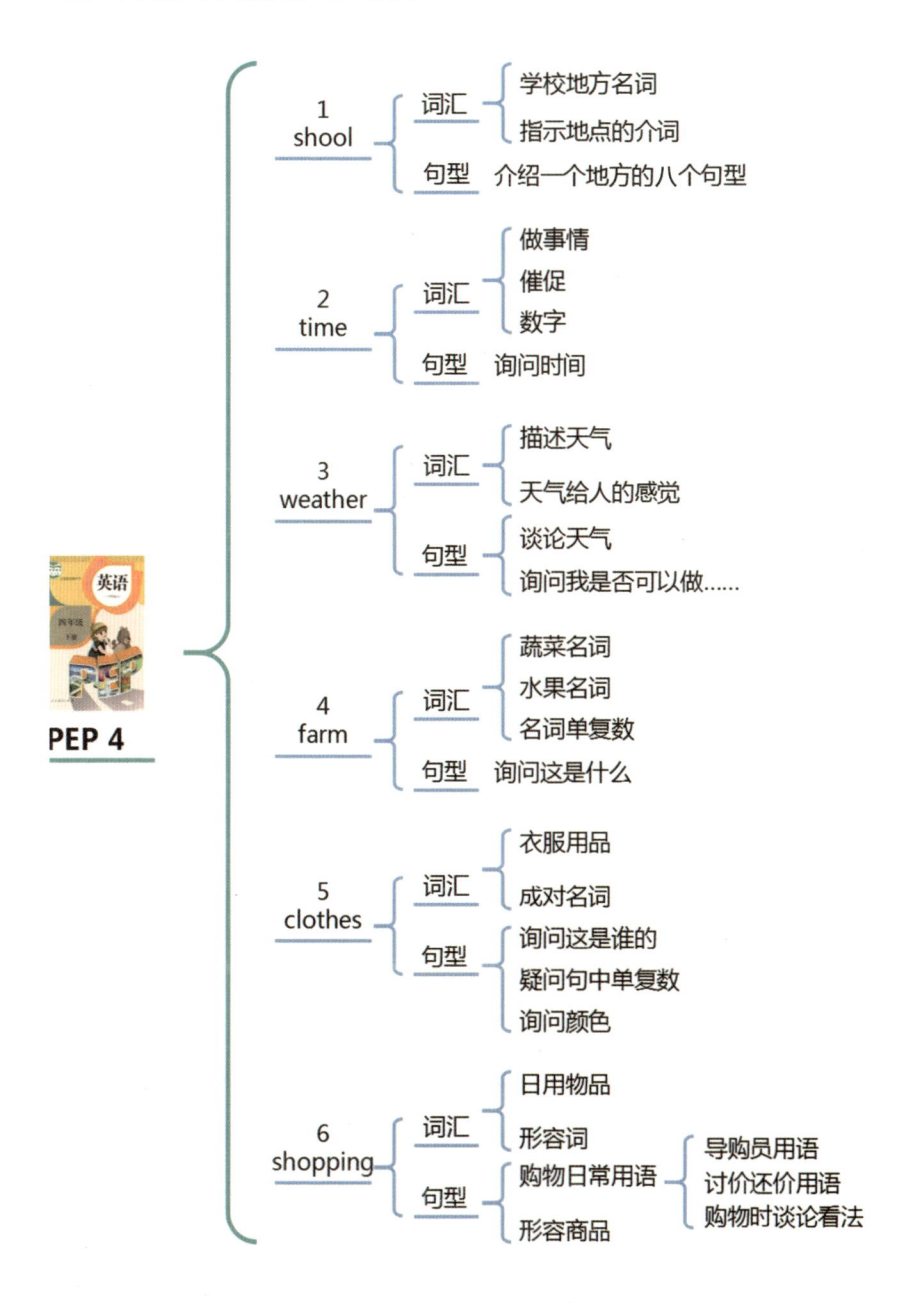

PEP 4
- 1 shool
  - 词汇
    - 学校地方名词
    - 指示地点的介词
  - 句型：介绍一个地方的八个句型
- 2 time
  - 词汇
    - 做事情
    - 催促
    - 数字
  - 句型：询问时间
- 3 weather
  - 词汇
    - 描述天气
    - 天气给人的感觉
  - 句型
    - 谈论天气
    - 询问我是否可以做……
- 4 farm
  - 词汇
    - 蔬菜名词
    - 水果名词
    - 名词单复数
  - 句型：询问这是什么
- 5 clothes
  - 词汇
    - 衣服用品
    - 成对名词
  - 句型
    - 询问这是谁的
    - 疑问句中单复数
    - 询问颜色
- 6 shopping
  - 词汇
    - 日用物品
    - 形容词
  - 句型
    - 购物日常用语
      - 导购员用语
      - 讨价还价用语
      - 购物时谈论看法
    - 形容商品

图 4.6-5 小学英语期末复习括号图

199

孩子受益一生的思维力

> **问题思考** 英语 PEP 4（四年级下册）包括哪些知识点？

例2：用桥形图背诵诗歌

我们的手

我们的手，是电线，在爸爸和妈妈之间传递着光，让他们的幸福像灯一样明亮。

我们的手，是桥，跨越海洋，在陆地和陆地之间传递彼此的问候。

我们的手，是船，在心灵和心灵之间托起洁白的帆。

我们的手，是小鸟，在星辰和星辰之间欢乐地飞翔。

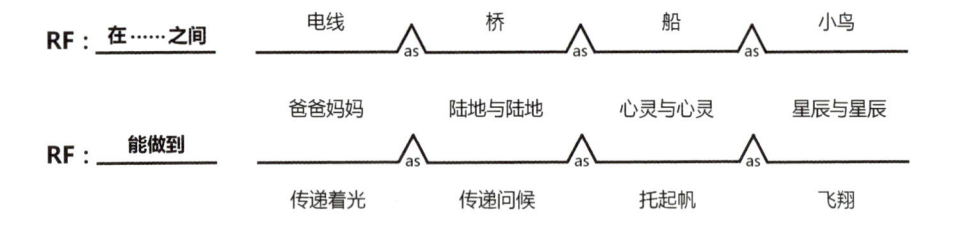

RF：在……之间　　电线　　桥　　船　　小鸟

RF：能做到　　爸爸妈妈　　陆地与陆地　　心灵与心灵　　星辰与星辰
　　　　　　　传递着光　　传递问候　　　托起帆　　　　飞翔

图 4.6-6 背诵课文桥形图

> **问题思考** 手可以被比拟成哪些事物？为什么？

例 3：用树形图整理线和角的知识

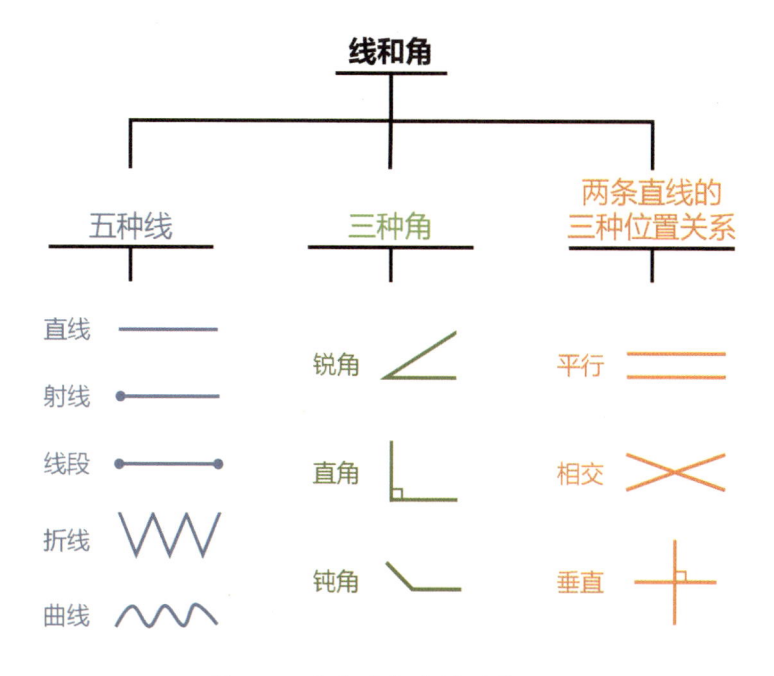

图 4.6-7 线和角分类树形图

问题思考 我们认识的线和角有哪些？

用 Mind Map 整理信息

第三章我们说到了另一种类型的思维导图——Mind Map，也就是"脑图"。我们在前面介绍了 Thinking Maps 的八种图示，分别表示八种思维类型，强调一种图一种思维，与之不同的是，脑图 Mind Map 以发散联想思维为基础，将描述、分类、整分等多种思维类型融合到一种图示中，非常适合梳理复杂信息，做复杂的笔记和记忆复杂的知识，这一特点，让 Mind Map 在全球许多企业和成人学习中得到广泛的应用。

在学科学习中，随着学龄段的升高，孩子们需要记忆和归纳总结的知识越来

孩子受益一生的思维力

越抽象和复杂。具有良好思维基础的孩子，不妨尝试一下 Mind Map，用它来做复习整理、读书笔记和文章构思等工作，会有很好的效果。

例1：使用 Mind Map 做读书笔记

《小王子》是法国作家安托万·德·圣·埃克苏佩里于 1942 年写成的著名儿童文学短篇小说，讲述了来自外星球的小王子在从自己星球出发前往地球的过程中所经历的各种波折。作者以小王子孩子式的眼光，透视出成人的空虚、盲目、愚妄和死板，用浅显天真的语言写出了人类的孤独寂寞、没有根基而随风流浪的命运。同时，也表达出作者对金钱关系的批判，对真善美的讴歌。一名四年级同学精读《小王子》一书之后，从小王子的身份、感情线索，以及他在地球和其他六个星球的见闻等几个方面分别展开，梳理出故事的关键信息，在 Mind Map 的帮助下，将一本数万字的小说的故事脉络提炼了出来。

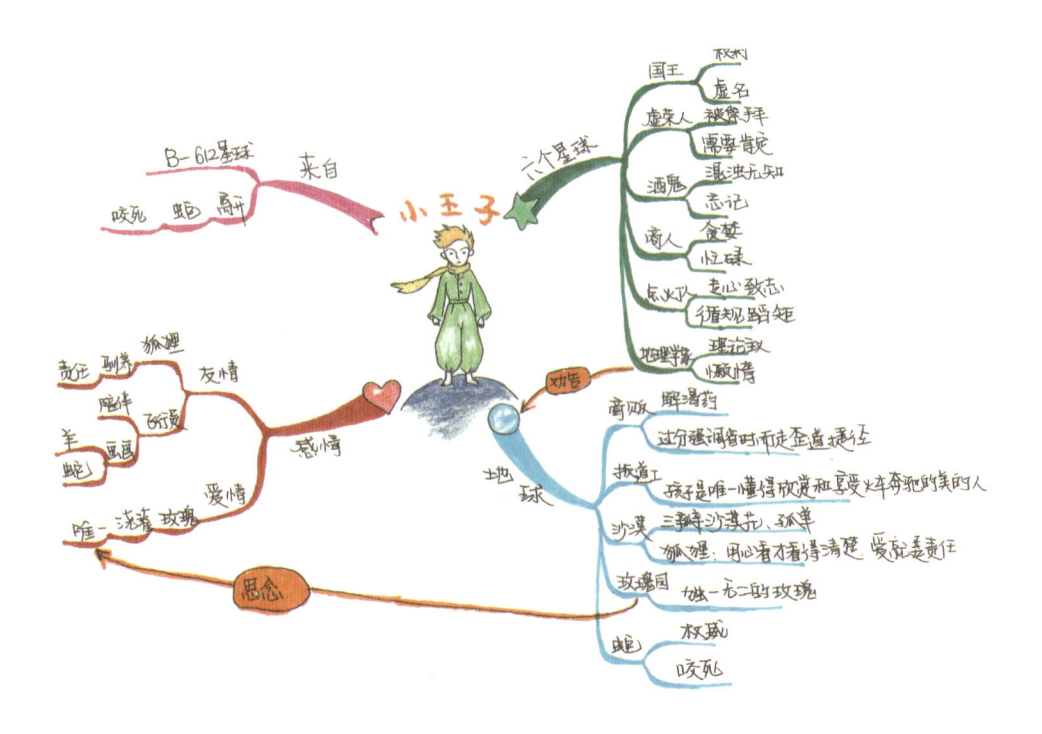

图 4.6-8 《小王子》读书笔记 Mind Map

第四章 延展应用——让孩子的学习力飞起来

例2：使用 Mind Map 整理数学知识

有理数是七年级数学一个重要的知识，涉及的概念、分类、运算法则和定律很多，考试对每一个知识点的考察非常细致。使用 Mind Map 归纳整理所有跟有理数有关的知识点，有助于提取出关键知识点进行强化复习，也方便查漏补缺。

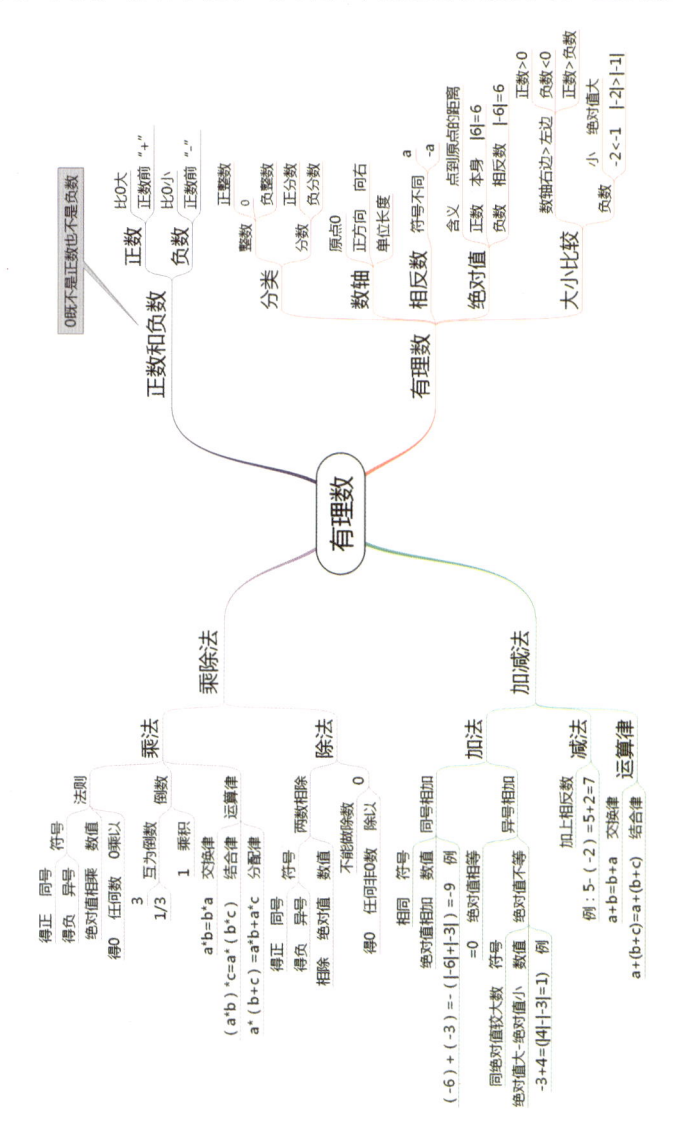

图 4.6-9 整理有理数知识点 Mind Map

例3：用 Mind Map 记忆英语单词（联想记忆法）

英语单词学习中，联想记忆法是一种有效的速记法。根据联想的方式不同，联想记忆法可以细分为相似联想记忆法、同义联想记忆、组合变形联想记忆法等，这些记忆方法可以跟 Mind Map 结合起来，帮助快速记忆单词。

比如下面这个 Mind Map 图示，以"at"为中心，向四周自由发散。前面增加一个字母"at"这样的组合，可以构成哪些单词呢？于是第一层级上联想到 fat、hat、rat、bat，接着在第二层级，在后面增加字母，继续叠加联想出更多单词。继续做这样的联想叠加，还可以增加到第三层级、第四层级，在此过程中，孩子在不知不觉中，重新熟悉或者学习了几十上百个包含有"at"的英语单词。

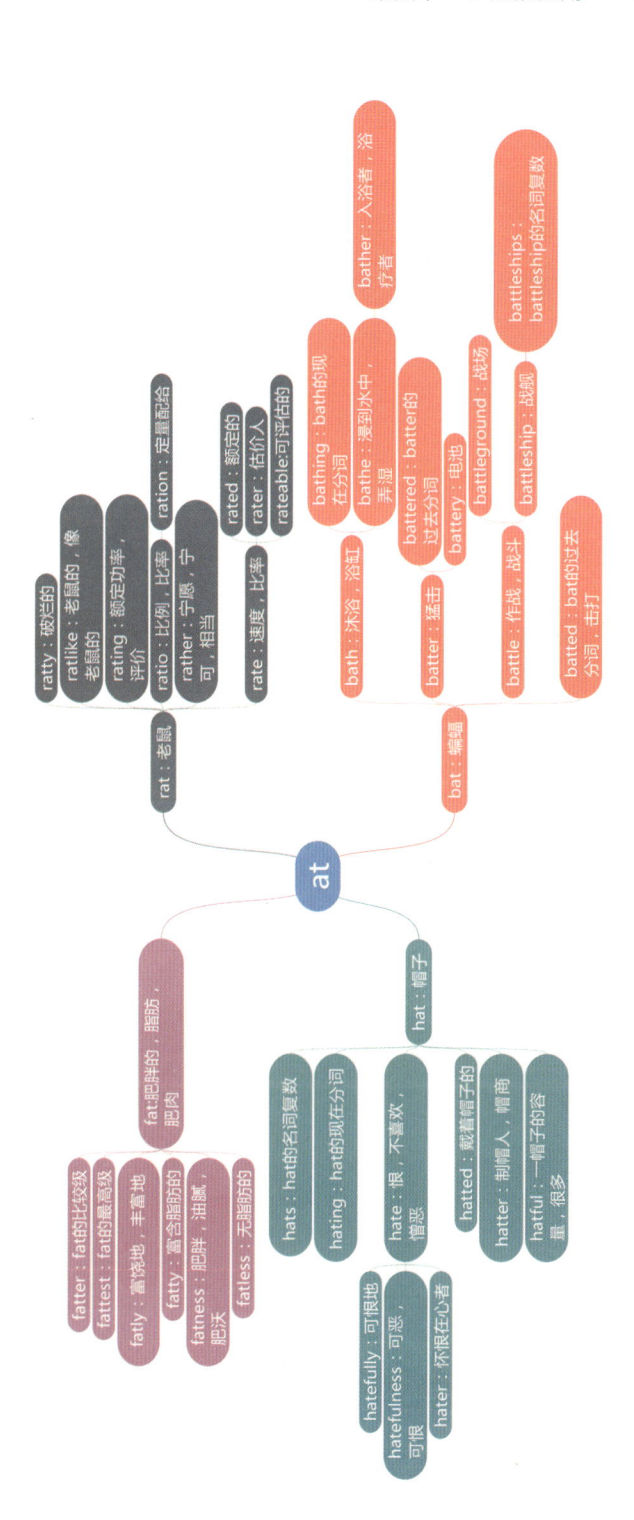

第四章 延展应用——让孩子的学习力飞起来

图 4.6-10 记忆英语单词 Mind Map

205

第五章

思维综合应用——能想才会做

上一章的内容主要是思维导图在孩子学科学习里的帮助，在这一章里，我们将会分享三个综合使用思维导图解决复杂任务的案例，结合具体的生活学习场景，来介绍思维导图组合图（Combo Maps）的几种用法。我们会看到，孩子可以怎样组合使用多个不同的思维导图，灵活解决不同主题的实践任务。

美国纽约行程规划

提起带孩子出国旅游，不少家长的第一感受就是要解决旅途中孩子的各种大小麻烦，压力很大，疲惫大于快乐。不过换个角度来看，旅行中会有很多地方需要我们计划、选择、做决定，或者学习与思索，所以旅行也可以成为培养孩子综合素质、锻炼思维能力、促进成长的绝佳机会。

叮当妈妈在学习完思维导图后，就把它用到了他们家的暑期纽约行中，有意识地引导叮当在不同的场景下巧用思维导图来解决问题。短短的三天行程，叮当妈妈发现叮当有了比以往几次旅行更多的思考和收获。

我们一起来看看，思维导图在叮当纽约行中的妙用吧！

行程安排

用圆圈图列出候选景点

几乎每个孩子都喜欢旅游，去不同的地方，看不一样的人和风景，孩子们能从中找到无穷的乐趣。

在确定将纽约作为美国东部旅游的第一站之后，妈妈为叮当找了一些介绍纽约旅游的书籍和视频作为参考资料，让他读完后，用圆圈图来列一列他想参观的纽约景点有哪些。

孩子受益一生的思维力

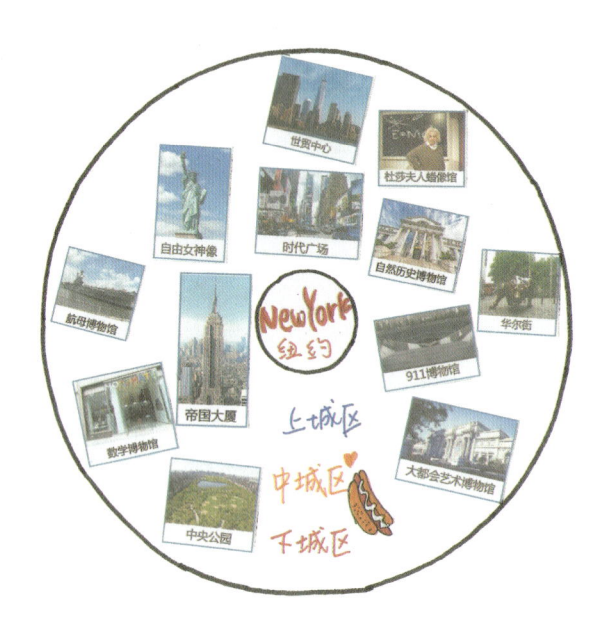

图 5.1-1 纽约景点圆圈图

小朋友的视角很特别，他的圆圈图上除了热门景点，竟然还列出了"上城区""中城区"和"下城区"这三个有名的纽约曼哈顿城区。听叮当讲，上城区是纽约的富人区，也是世界富豪云集的区域，到了纽约，一定得去那里四处走走，看看美国富人们的生活环境是什么样的。另外，在中城区，有一种纽约热狗，是那种街边餐车上叫卖的热狗，据说是当地的名小吃，作为纽约的特色，这种便宜的平民食品也要品尝一下。从这些细节的安排中，不难看出来小叮当确实是认真动了脑筋的！

用双气泡图做景点选择

摩天大楼是纽约城市风景的一大特色。在曼哈顿鼎立的摩天大楼中，帝国大厦和新世贸中心（又叫"世贸中心一号楼"，在911世贸中心遗址上重新修建的摩天大楼），都是旅游手册上推荐的景点，连门票价格都是一样的——26美元。

其中，帝国大厦以上百年的悠久历史，以及在好莱坞大片中频繁出镜而闻名世界，而新世贸中心则重建于 2001 年"9·11 恐怖袭击事件"中倒塌的世贸中心遗址，楼宇设施比帝国大厦更高、更先进。

两栋摩天大楼特点不一，都去现场看看当然最好，只可惜这次在纽约停留的时间有限，叮当一家不得不选择一个去参观。选择，需要先做比较。于是叮当妈妈立刻想到给叮当一个机会，让他用双气泡图思考，帮助家人做出这个重要的选择。

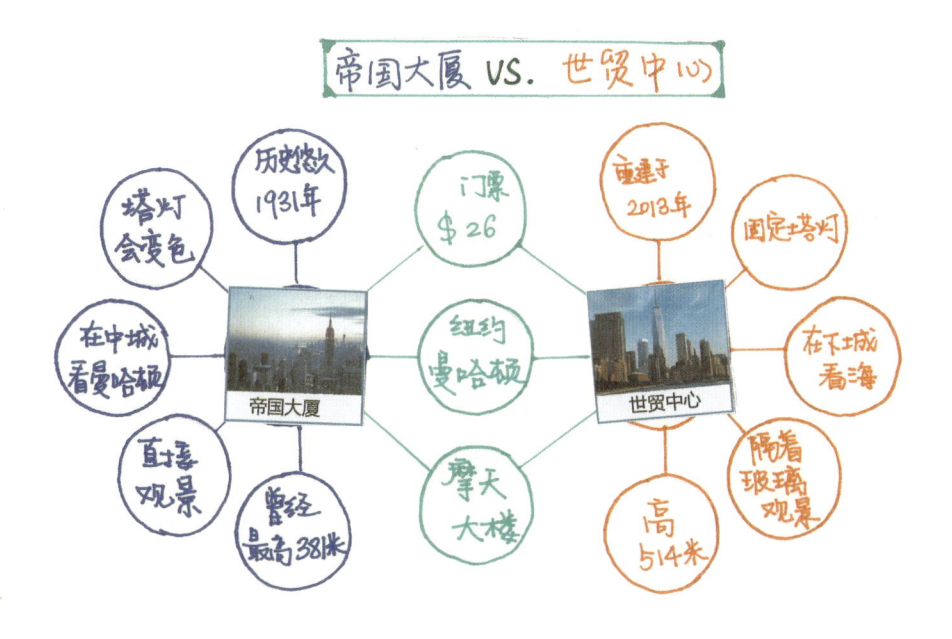

图 5.1-2 双气泡图比较两个景点

小叮当不负众望，在双气泡图的帮助下，他对两个景点做了透彻的比较，建议选择去帝国大厦。为了解释自己的选择，小叮当还补充了两个理由：第一，帝国大厦更好看 —— 帝国塔顶上的彩灯会定期更换；第二，帝国大厦位于中城区，有着俯瞰曼哈顿城市风景的最佳视角，而新世贸中心在临海的下城区，视角自然要差一些。既然是旅游，我们当然要选择欣赏风景的最佳视角——帝国大厦啦！看，这两个理由，是不是叫人不能再同意了！

孩子受益一生的思维力

用流程图做行程安排

选定了纽约的参观景点，在安排三日行程之前，妈妈问小叮当对行程路线有什么建议，小朋友思索片刻，提了一个聪明的思路：参考曼哈顿地图来规划路线！

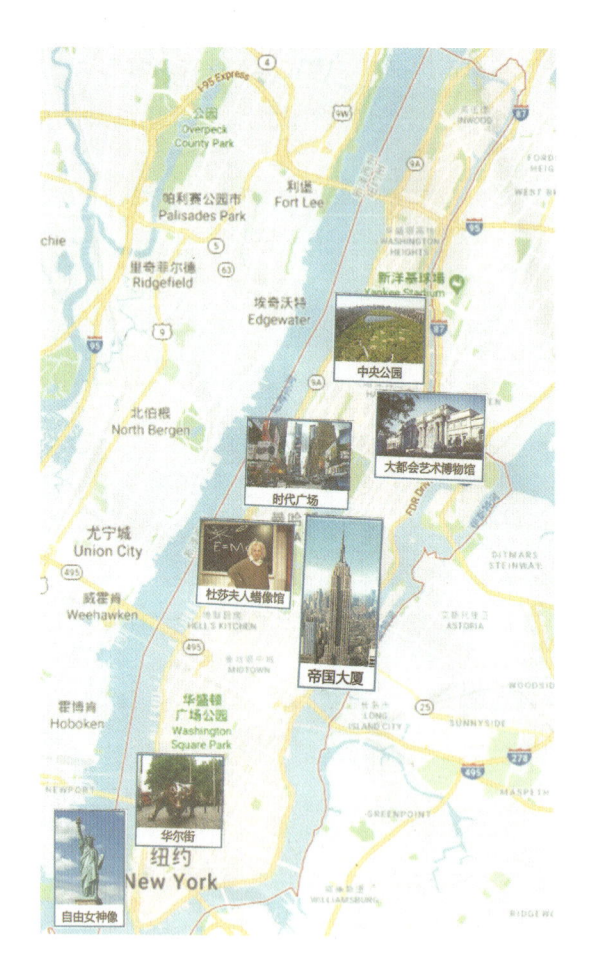

图 5.1-3 曼哈顿地图

在纽约曼哈顿地图上，妈妈和小叮当找到了打算前去参观的几个景点。在谷歌地图上看，它们之间的距离可不算近：中央公园、大都会博物馆位于上城区，帝国大厦在中城区，自由女神像位于下城区。上城和中城最近的两个地点，乘坐

212

地铁需要半小时,从最远的上城区到下城区,乘地铁甚至需要一个半小时。

现在问题就来了,想要参观位于三个城区的所有景点,按什么顺序参观才最合理呢?

图 5.1-4 纽约三日行行程安排

小叮当和妈妈对曼哈顿地图、周边酒店和交通做了一番仔细研究后,最后做出的方案是,住纽约中城区的酒店。第一天先就近去参观帝国大厦,顺便去参观附近的时代广场和杜莎夫人蜡像馆;第二天去上城的中央公园和大都会博物馆,这是非常耗时的两个景点,特别是大都会博物馆,作为世界四大博物馆之一,里面的藏品包罗万象,在里面待上一整天也不为过;第三天去下城区的海岛上参观自由女神像,顺路看下华尔街和著名的铜牛,拍一些照片。纽约行三天,这样的安排最节省时间。

旅行收获

用气泡图描述中央公园

中央公园坐落在高楼林立的纽约曼哈顿中心,是繁华都市中的一片静谧休闲之地,有着"纽约后花园"的美称。在欣赏优美风景的同时,叮当妈妈细心地抓住时机问了叮当一道思考题:哪些形容词可以完美地描述出你眼前的中央公园的特色?

孩子受益一生的思维力

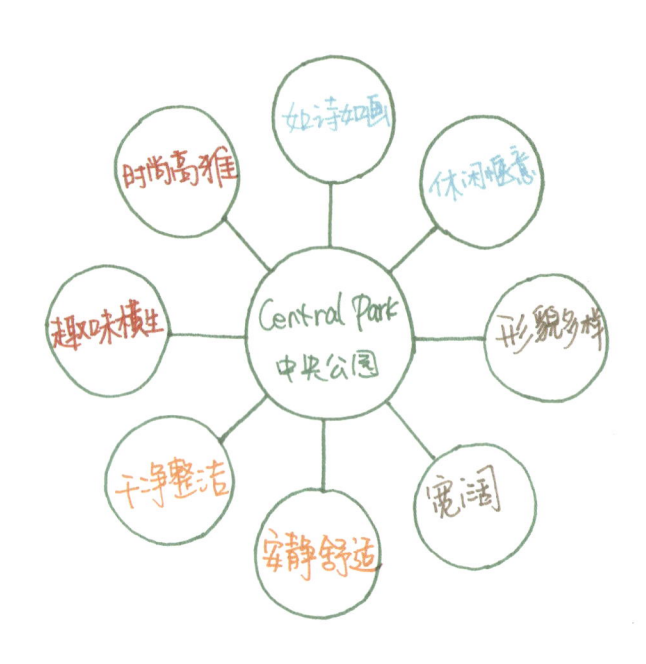

图 5.1-5 描述中央公园之美的气泡图

叮当说，中央公园可以算是世界上"最巨大"的城市花园了，据说它的大小相当于 400 多个足球场呢。在中央公园里，有湖泊，有森林，也有草坪，甚至还有几个动物园，"形貌多样"，"如诗如画"。在这些人造自然景观中，人们有的在骑车，有的在野餐，有的坐在草坪上边晒太阳边谈天说地，一看就特别"休闲惬意"。对了，小家伙还记得在那儿碰巧看到的一场露天歌剧表演，他脱口而出，说纽约人生活得既"时尚高雅"，又"趣味横生"。

不得不说，小家伙对中央公园的描述真是蛮贴切的。

用因果图总结自由女神像的前世今生

一家人在自由岛上登岛参观自由女神像的时候，导游介绍说，这座高 90 多米的巨大雕像，是 1876 年美国独立 100 周年时，法国赠送给美国的礼物，于

214

1886 年落成。女神铜像的设计很有寓意，她头戴光芒四射冠冕，象征四大洋，皇冠上七道光芒象征七大洲，右手高举自由的火炬，左手捧着刻有 1776 年 7 月 4 日的《独立宣言》，因为这些设计特征，自由女神像成为美国争取民主、向往自由的世界性标志，1984 年还被列入了世界文化遗产。

在回国的飞机上，妈妈让叮当把有关自由女神像前因后果的小知识用因果图画出来，没想到小朋友竟然记得八九不离十。看来这一趟纽约行，孩子收获满满，非常值得！

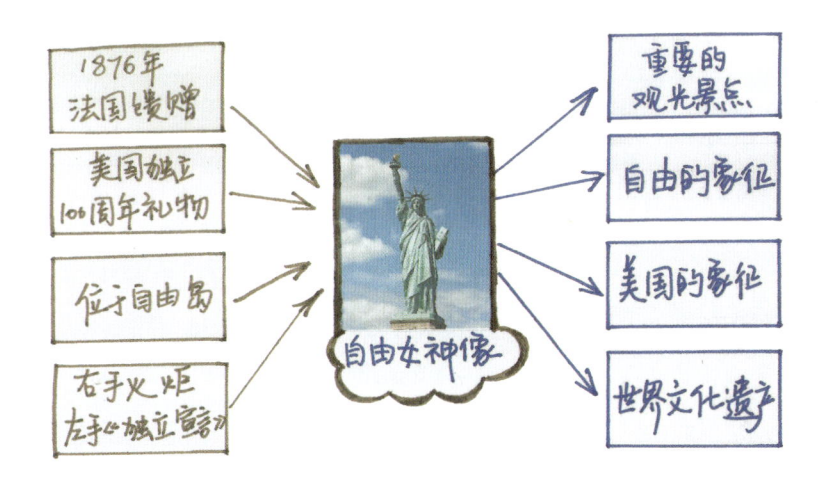

图 5.1-6 自由女神像的因果图

小结

亲子旅游，虽然在行走途中需要注意和打理的琐事、烦事不少，但寓教于乐的好机会有很多。家长可以和孩子有商有量地共同规划行程，一起感受不同地方的风土人情，学习各地的文化历史知识，这样不但能拉近亲子关系，还能适时用上思维导图帮助孩子梳理想法，全方位锻炼孩子的思维，让他拥有课本上学不到的软实力。

放学后的时间管理

时间管理的重要性

拖延症是孩子们比较常见的一种毛病。马上就要出门了,很多孩子还拖拖拉拉的,半天收拾不好;放学回家已经好几个小时了,作业还没写完,吃饭也慢慢吞吞的。看到孩子的这些行为,家长们总是着急上火、使劲催,可孩子就是一点也不急,只想按照自己的节奏去做事。每每碰到这种情况,家长都想让孩子学习一下时间管理。

不过,在此之前,更重要的是先得让孩子明白为什么要管理时间?

孩子拖延行为的养成是有原因的,还会带来不好的影响。作为家长,我们应该先让孩子充分认识到做事拖延带来的后果,再和孩子沟通了解产生拖延行为的原因。只有了解了孩子的问题和需求,才能帮助他想出有效的避免拖延的方法。

我们不妨画个因果图,对孩子的拖延症做个因果分析。

一位妈妈带着孩子一起分析了做事拖拉产生的原因和带来的影响后,画出了下面这个因果图。

孩子回忆了自己以前因为拖延而出现的一些问题,并进一步分析了可能造成的长期后果,"恶性循环,表现越来越差""错过重要的事情",等等。

而在导致拖拉的七个原因中,除了"精力不充足"和"害怕做错"这两个原因跟孩子的生理和心理状态有关联外,其余五个原因:任务太重、不了解做事目的、习惯性依赖别人、优先级不一致、认为时间有得是,归根到底,都是因为孩子缺乏时间意识,没有养成时间管理的好习惯。

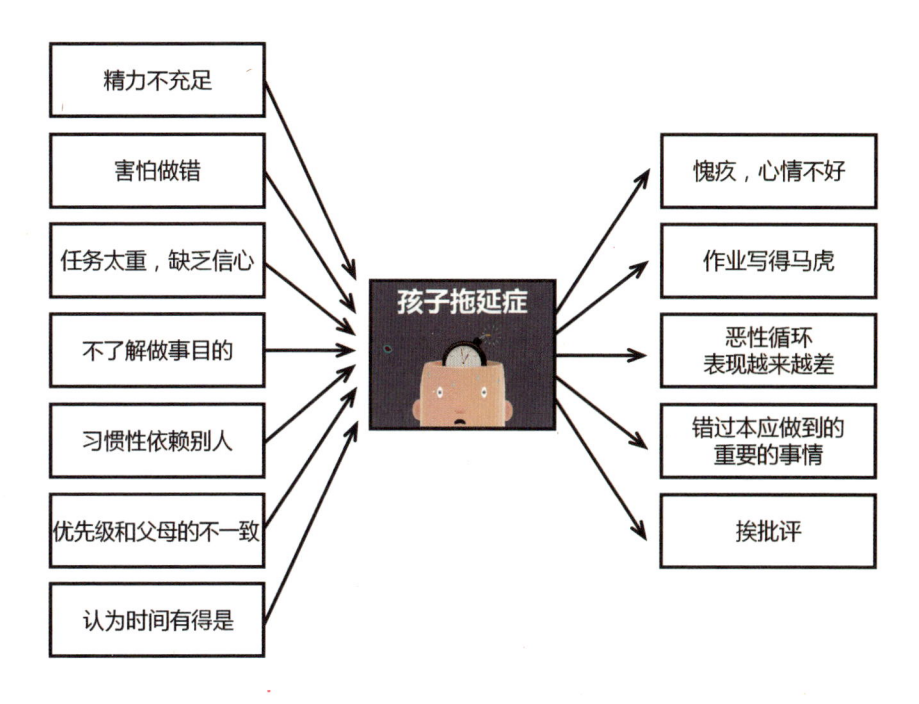

图 5.2-1 拖延症因果图

时间管理三步法

通过因果分析,孩子已经感受到了改正拖延习惯的迫切性,进一步了解了时间管理的重要性,那么,时间管理到底要怎么做呢?分享一个简单易行的时间管理三步法,如下图所示。

图 5.2-2 时间管理三步法

罗列事项，整理清单和制作日程表，三步做出时间计划，帮助孩子树立时间观念，学会根据每个任务的轻重缓急来管理时间，合理利用时间，高效做事。

在下面的例子中，一个二年级孩子结合思维导图来实施三步法，制订自己放学后的时间计划，我们来看看这个例子。

第一步：罗列事项

在孩子计划时间、做日程表之前，很重要的一步是，先让孩子想清楚自己要做哪些事情。如果对自己要做什么事都没有清楚的认识，那所谓的时间计划就无从谈起了。如果孩子是初次接触时间管理，家长可以先带着孩子一起做头脑风暴，使用圆圈图把孩子的想法和意见都记录下来，让他感觉到自己拥有发言权，并且觉得自己的想法是被尊重的。在头脑风暴的过程中，家长可以采用提问的方式，让孩子多思考，鼓励他全面地去考虑要做的事情。

图 5.2-3 第一步 罗列事项

第五章 思维综合应用——能想才会做

跟用圆圈图罗列事项类似，美国学校在放暑假之前，也会让孩子们做一项有趣的活动——制作 Bucket list（人生目标清单），把自己在暑假里"想做的事情"、"想去的地方"、"想见的朋友"通通列出来，放进各式各样的"小桶"，其实这项活动也是在帮助孩子去思考和制订自己的暑期计划。

图 5.2-4 美国学校暑假前的 bucket list

第二步：整理清单

列出所有事项后，我们还应该带着孩子去做评估分类：在这么多事情里，哪些是我需要做的？哪些是我想要做的？

"需要"和"想要"是儿童财商教育里提到的两个重要概念，需要＝我们生存需要的东西，想要＝我们想要拥有的东西。把这两个概念套用到时间管理中后，就能得出：

"需要" 做的事情，是指那些必须要做的、能维持我们正常生活的、符合学习要求的重要的事情，一般包括：

· 家庭责任

· 学校布置的作业

· 睡觉、就餐和个人卫生

"想要" 做的事情，就是我们内心渴望去做的、能让自己感到开心的事情，

219

孩子受益一生的思维力

比如：

- 参加活动：看一场电影或画展，参加兴趣活动，等等
- 和朋友一起玩耍或独自玩耍，等等

在这里，我们并没有采用时间管理方法学中通用的"四象限法则"——按事情的重要性和紧迫性来做分类，而是采用了"需要"和"想要"这两个标准来对事情进行分类，更易于孩子理解和辨识，在时间管理的实际操作中更加容易上手。

这个时候树形图就派上用场了。

用树形图做事件分类，帮助孩子清晰地认识到，哪些事情是需要做的，哪些事情是自己想要做的，进而帮助孩子正确地评估每件事情的重要程度。

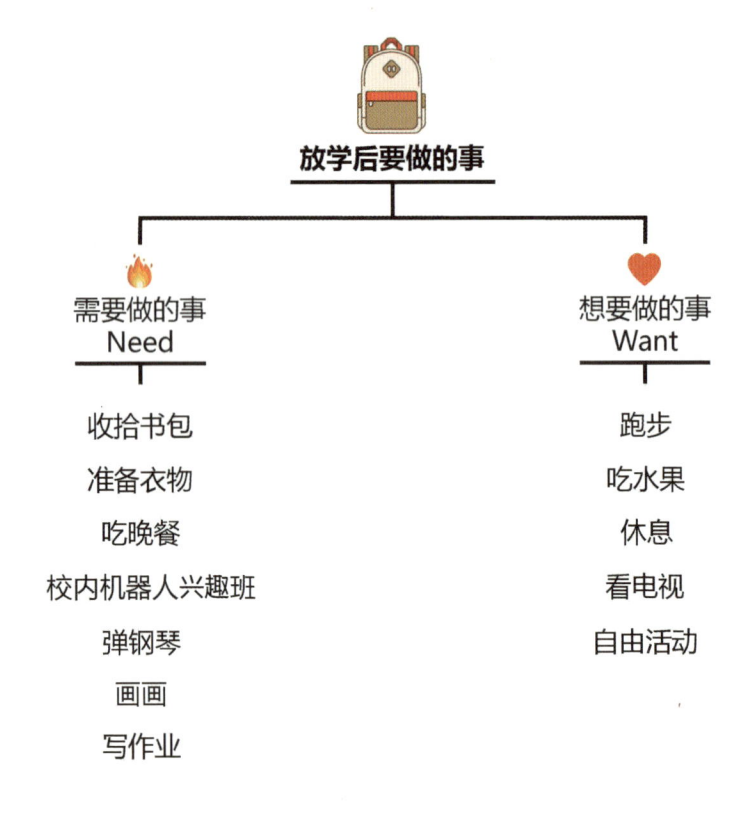

```
                    放学后要做的事
                   ┌──────┴──────┐
              🔥                    ❤
         需要做的事              想要做的事
           Need                   Want

          收拾书包                  跑步
          准备衣物                  吃水果
          吃晚餐                    休息
       校内机器人兴趣班              看电视
          弹钢琴                   自由活动
           画画
          写作业
```

图 5.2-5 第二步 分类整理树形图（第一版）

接下来，我们可以递给孩子一支马克笔，让他在现有的树形图上对内容做筛选，该删的删，该加的加，甚至根据需要做合并（比如在下面的例子中，孩子把"休息"跟"晚餐"合并到一起，变成"晚饭后休息"，效率就更高些）。给自己喜欢的事情画一个笑脸，不喜欢的事情画一个哭脸。通过删减和增补，以及评判喜好程度，孩子会有意识地对所列出的事项做搭配，家长也要提醒孩子尽量做到劳逸结合、动静穿插。如果在这个树形图上，一眼看上去都是自己不喜欢的事情，那家长就要引导孩子回到第一步，重新用圆圈图做发散思考，进行调整。

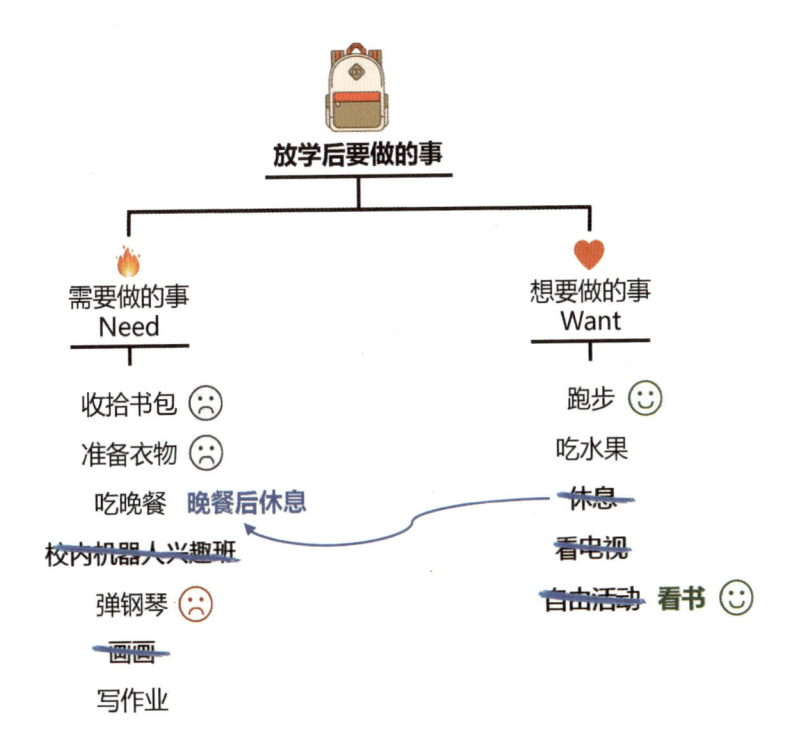

图 5.2-6 第二步 分类整理树形图（第二版）

如下图所示，在对所列出的事情进行分类整理，也做过筛选和调整之后，我们就可以引导孩子使用括号图来制定"今天放学后的任务清单"了。

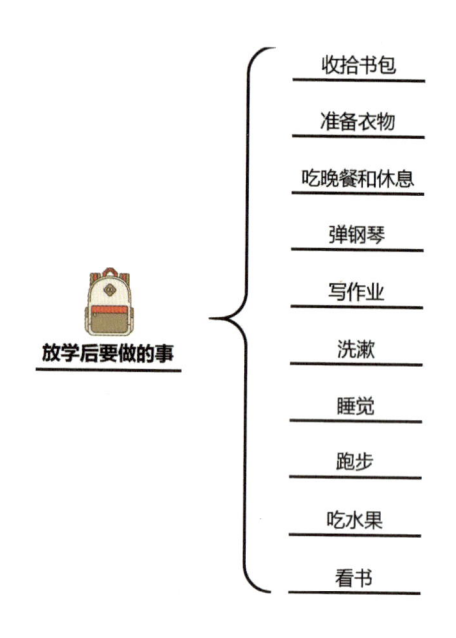

```
                    ┌ 收拾书包
                    │ 准备衣物
                    │ 吃晚餐和休息
                    │ 弹钢琴
   放学后要做的事 ┤ 写作业
                    │ 洗漱
                    │ 睡觉
                    │ 跑步
                    │ 吃水果
                    └ 看书
```

图 5.2-7 第二步 放学后的任务清单

另外，对于一些已经具有良好时间观念，能熟练进行任务分类的孩子，他们可以跳过罗列事项和筛选整理两个环节，直接使用括号图来列出一天要做的事情，下图是逃逃小朋友自制的新年夜任务清单（To Do List）。

```
                        ┌ play games  玩游戏
                        │ popcorn     看电影、吃爆米花
  To do List for        │ yum yum!    吃好吃的
  New Years Eve        ┤ Read a book 读书
  新年前夕要做的事       │ photo time  拍照
                        └ New Years countdoan
                                       新年倒计时
```

图 5.2-8 第二步 美国小朋友自制的任务清单

第五章 思维综合应用——能想才会做

第三步：制定日程表

有时候我们会发现，虽然孩子列出了事件清单，可一旦做起事来仍然会手忙脚乱，还特别容易漏掉一些事情。出现这种情况的原因就在于孩子没有安排出做事情的顺序。

怎样安排生活中林林总总的事情的顺序？有一个通用的原则就是"要事优先"。首先，家长要引导孩子，先集中安排那些"需要"做的事情，也就是占据时间最多的大事情。在剩余时间里，穿插安排一些小事、杂事，以及自己"想要"做的事情。

其次，既然是做时间管理，那就需要预估出完成每件事情的时间要多久。在预估时间的时候，一般计划的时间要比实际耗费的时间多出20%，甚至50%，这样来规划可以让我们在做每件事的间隙有放松的时间，更加从容，也有利于留出时间处理突发情况。另外，在现实生活中，有一些事情的发生时间是相对固定的，比如看电影的时间，晚上睡觉的时间，所以在制定日程表的时候，可以先安排时间相对固定事情，再灵活地填补其他事情。

流程图能够可视化地表示出先后次序关系，是我们在制定日程表时的不二选择。下面的例子中，在二年级小学生制定的"今天放学后的日程表"里，就用流程图把自己放学后要做的事情都做了有条理的安排。

放学后的日程表

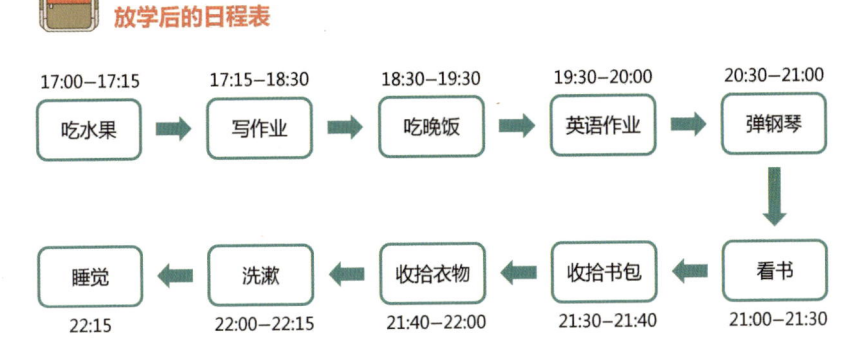

17:00–17:15	17:15–18:30	18:30–19:30	19:30–20:00	20:30–21:00
吃水果 →	写作业 →	吃晚饭 →	英语作业 →	弹钢琴

睡觉 ←	洗漱 ←	收拾衣物 ←	收拾书包 ←	看书
22:15	22:00–22:15	21:40–22:00	21:30–21:40	21:00–21:30

图 5.2-9 第三步 今天放学后的日程表（第一版）

223

孩子受益一生的思维力

此外，小学孩子在制定日程表的过程中，常常出现的一个问题是，任务过于笼统。比如在上面的日程表中出现了两个"写作业"的任务，家长就要提醒孩子，把任务做进一步拆分，可以把"写作业"拆分成语文、数学和英语作业，然后再合理地安排在日程表中。

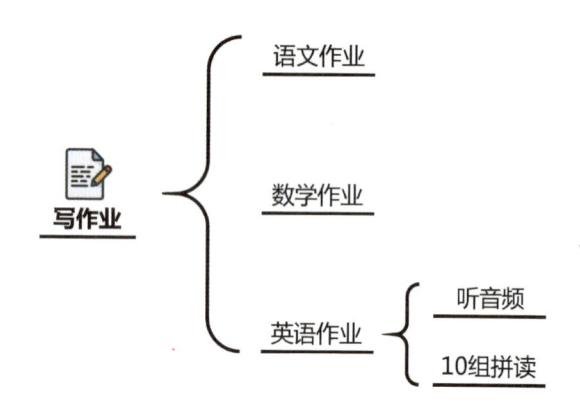

图 5.2-10 第三步 "写作业"任务拆分

在新版日程表上，孩子回家写作业，三科作业，按什么顺序写，计划写多长时间，需要完成的量，都有更清晰的安排，孩子按这个日程表执行也会更加高效。

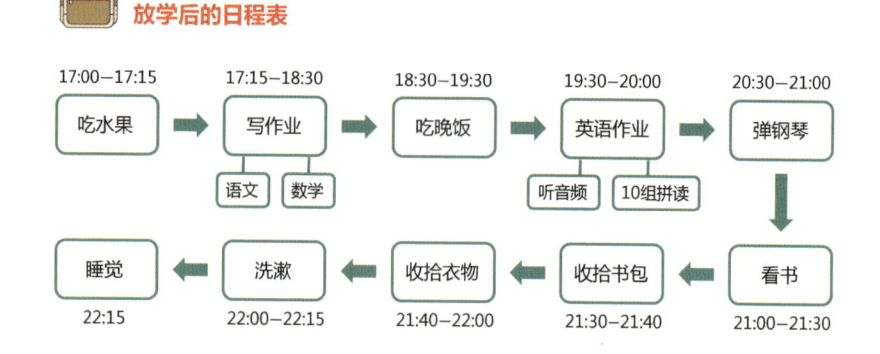

图 5.2-11 第三步 今天放学后的日程表（第二版）

小结

从 To Do List 到日程表，这个过程对刚接触时间管理的孩子来说可能有点麻烦，需要花费许多时间去思前想后。但坚持一段时间后，孩子会逐渐熟悉起来，掌握一些规律后，他会发现，并非每天都需要专门制订计划。孩子学习时间管理的关键是培养合理分配时间的意识。在孩子执行日程表的过程中，父母也可以帮他分析，哪些事情还可以完成得更有效率，占用的时间更少。

总而言之，在做时间管理时，要尽量将自己的生活安排得丰富多彩，但又不至于太过紧张，这样孩子才能逐渐感受到时间管理给自己带来的好处和乐趣。

科学创客——智能作业本

在青少年科创项目中，综合运用各种思维导图，能启发孩子思考多种解决问题的方法，培养孩子的创造力和学习力。

作业本是学生书写、练习和老师批改都会用到的一种资源。传统的学生作业本是纸质的，各个学科的作业本叠起来放进书包后，书包不仅被塞得鼓鼓囊囊的，背起来也很重。能不能设计出一种"智能作业本"，既方便学生写作业，提升学习效率，又能帮助老师更快捷地进行批改和辅导，提升工作效率呢？

围绕这个问题，老师带领一群四、五年级的孩子们，在项目式学习（PBL，Project Based Learning）的框架下对这个问题进行分析讨论、查找资料、探索学习、深入思考。让我们来欣赏一下老师和孩子们的精彩之作吧。

项目流程

对初次接触科创项目的孩子而言，一个描述清晰的产品设计工作流程图，可以帮助他们快速理解设计一个产品涉及哪些方面，需要先做什么，后做什么。

产品设计工作流程

图 5.3-1 产品设计工作流程

需求分析

产品源自需求。所以设计一个产品的第一步是要分析目标用户的需求，老师问了孩子们这样三个问题：

1. 现在的作业本用起来怎么样？
2. 现在的作业本有什么不方便的地方？
3. 你最希望作业本有哪些新功能？

孩子们不仅结合自己的亲身经历，思考了平常在使用普通作业本时遇到的问题，还在校园里展开了问卷调查，询问各科老师和其他同学在使用现有作业本时遇到的各种问题。一番调查和思考过后，孩子们使用因果图分析了智能作业本的目标用户（即学生和老师）的体验和需求。

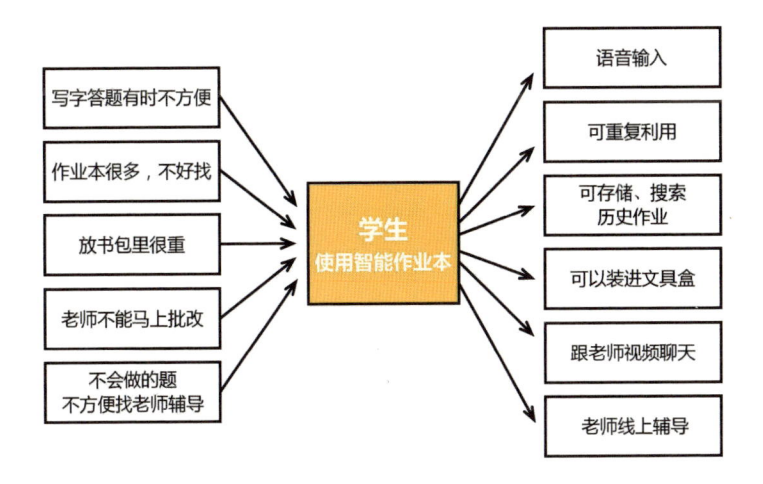

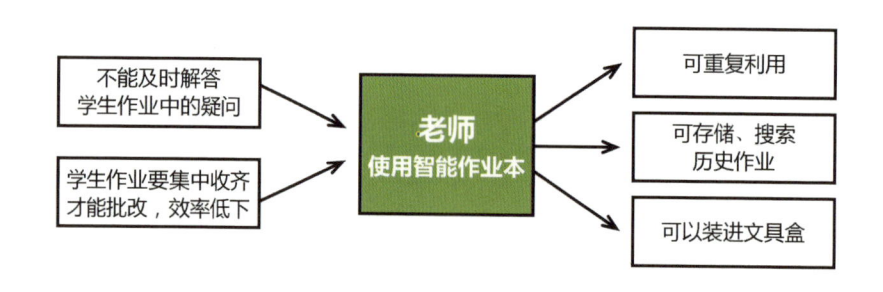

图 5.3-2 产品需求分析因果图

项目定义

通过需求分析可以确认，"智能作业本"不仅是一个看起来很酷的创意想法，也将会是符合学生和老师们"刚需"的产品，非常值得投入时间和入精力，把它设计出来。

现在是时候"立项"，正式启动这个项目了。项目定义是立项的重要活动和产出物。在老师的指导下，孩子们使用树形图，完成了项目定义。

在项目定义树形图上，孩子们计划了"智能作业本"的目标产出物，规划了项目的开始时间和结束时间，经过讨论确定了团队成员和分工，以及在设计过程中将要用到的工具。

第五章 思维综合应用——能想才会做

```
                         项目定义
          ┌─────────────────┼─────────────────┐
      Deliverables       Schedule          Resource
       目标产出            时间              资源
                                      ┌──────┴──────┐
                                   团队成员      方案设计工具
```

功能模块说明
主要UI展示
典型场景演示

项目开始：2018.3.5
UI设计初稿：
UI设计终稿：
模块设计初稿：
模块设计终稿：
场景演示初稿：
场景演示终稿：
项目演示：2018.3.30

小强（场景演示）
小倩（场景演示）
小明（UI设计）
小亮（功能模块）

Mindcraft（场景演示）
手绘图
思维导图

图 5.3-3 智能作业本项目定义树形图

产品定义

团队成员展开头脑风暴，先使用圆圈图做发散联想，然后结合树形图分类整理出了"智能作业本"在功能、UI和外观三个方面的主要特色（feature）。

智能作业本：
可视频聊天、可擦除修改、可语音输入、触摸屏、智能笔、小到可以放进文具盒、机器人自动批改作业、搜索相似题型、自动生成错题本、可以点播老师的辅导课、搜索参考资料、3D画面、一个本子重复利用、各科作业共用一个作业本、提醒作业姿势不正确、定时提醒休息

图 5.3-4 智能作业本产品功能点头脑风暴

229

孩子受益一生的思维力

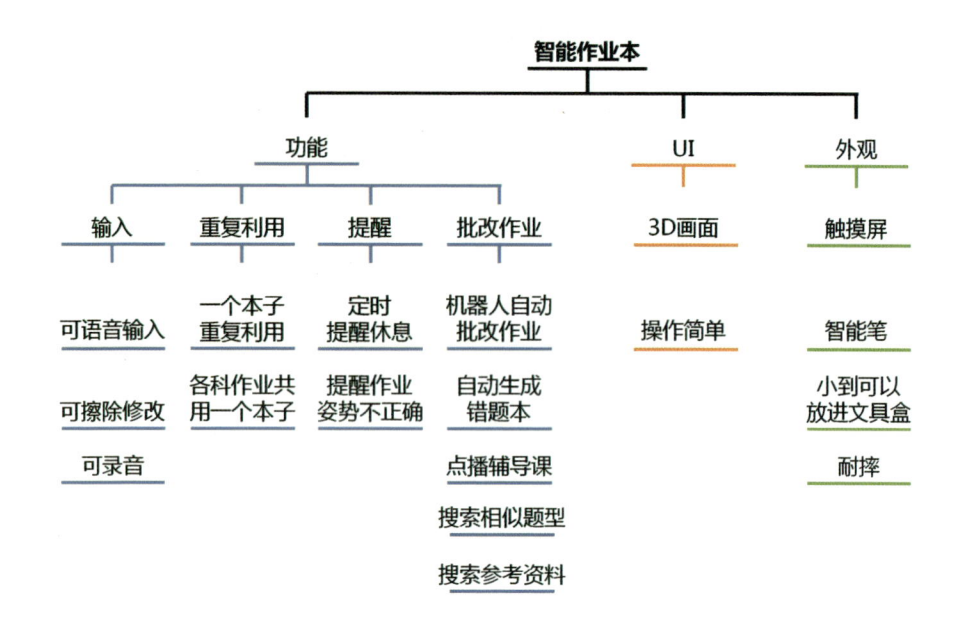

```
                            智能作业本
          ┌──────────────────┼──────────┬──────────┐
         功能                          UI         外观
   ┌──────┼──────┬──────┐              │           │
  输入  重复利用  提醒  批改作业        3D画面      触摸屏

 可语音输入  一个本子    定时      机器人自动     操作简单   智能笔
            重复利用   提醒休息   批改作业

 可擦除修改  各科作业共  提醒作业   自动生成               小到可以
            用一个本子  姿势不正确  错题本                 放进文具盒

 可录音                            点播辅导课              耐摔

                                   搜索相似题型

                                   搜索参考资料
```

图 5.3-5 智能作业本产品定义树形图

设计 UI 风格

在产品设计中，UI 人机交互界面的设计是非常重要的一环，它关系到产品给用户的第一印象，在很大程度上也决定了用户是否愿意继续使用这个产品。经过细致的推敲，孩子们使用气泡图构思了智能作业本 UI 的设计风格。

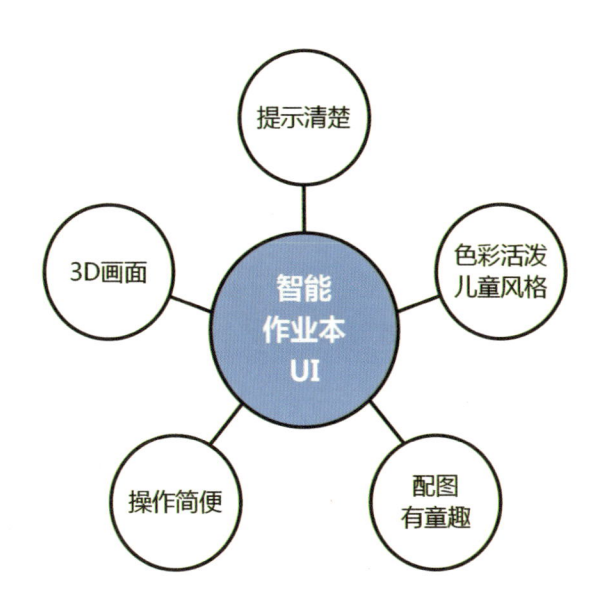

图 5.3-6 智能作业本 UI 风格描述

　　除了 UI 设计的总体风格，孩子们对色调选择也做了大量的调研工作。比如，他们专门查阅了《色彩设计》等专业书籍，用桥形图整理出了三类色彩的配色寓意，从中挑选出了最适合智能作业本的色调。

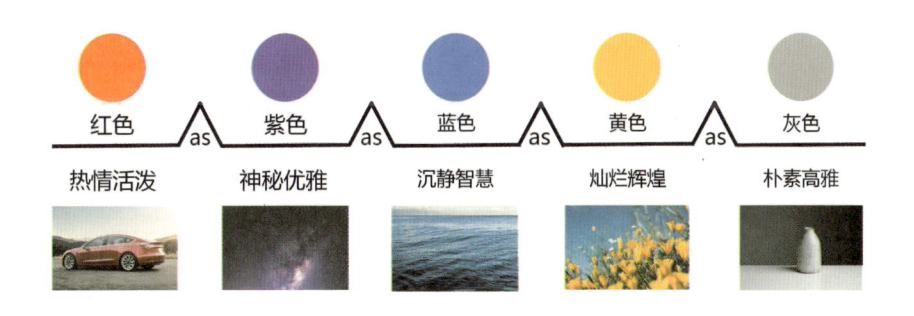

红色　as　紫色　as　蓝色　as　黄色　as　灰色

热情活泼　　神秘优雅　　沉静智慧　　灿烂辉煌　　朴素高雅

RF： 象征意义

图 5.3-7 产品设计色彩设计参考

技术方案选择：VR 还是 AR

在考虑如何实现"3D 画面"这个炫酷的功能时，孩子们想到了两种技术，一种是 VR（Virtual Reality，虚拟现实），另一种是 AR（Augmented Reality，增强现实）。究竟哪一种更适合智能作业本呢？孩子们开始在互联网上查阅跟 AR 和 VR 有关的各种科普资料，如下。

Augmented Reality 技术

AR 技术是计算机在现实影像上叠加相应的图像技术，利用虚拟世界套入现实世界并与之进行互动，达到增强现实的目的。

AR 通常是通过头戴式设备实现的，其中最著名的是谷歌眼镜。AR 中的关键词是"功能（Utility）"，AR 技术让用户在观察真实世界的同时，能接收和真实世界相关的数字化的信息和数据，从而对用户的工作和行为产生帮助。一个典型的应用场景：用户戴着 AR 眼镜，当他看到真实世界中的一家餐厅，眼镜会马上显示这家餐厅的特点、价格等信息。前提是你本人就在餐厅前面，这是真实的餐厅，而不是虚拟的餐厅。

Virtual Reality 技术

VR 技术是在计算机上生成一个三维空间，并利用这个空间提供给使用者关于视觉、听觉、触觉等感官的虚拟，让使用者仿佛身临其境。

VR 目前最重要标志的是，用户需要佩戴"头戴式显示器（Head Mounted Display）"，简称"头显（HMD）"。最大的突破就是"沉浸感"，因此目前的 VR 技术也被称为沉浸式虚拟现实技术。最典型的例子是 VR 游戏或 VR 直播，比如一场 VR 演唱会直播，你自己压根不在现场。

区别

以上只是 VR 与 AR 在概念上的区别，区别他们只需要把握一点就够了，你看到的是真实的（AR）还是虚拟的（VR）。

VR，首先需要挡住视线；AR 不遮挡用户视线，而是在现实中出现虚拟内容。

VR 技术通过佩戴各种硬件（包括 VR 头盔、手柄等）使体验者进入一个完全虚拟的世界；AR 技术通常是以透过式头盔，以现实场景为基础，产生虚拟影像。

应用

VR 已渗透了各行各业，如医疗、教育、军事等。

除上述提及的 AR 眼镜外，在我们的日常生活中，也见到许多 AR 应用，如 AR 直尺、AR 宣传册等也是当前常见的工具类的 AR 小工具。

然后，孩子们用双气泡图总结了两种技术的相同和不同之处。通过比较分析，VR 技术是让使用者进入一个完全虚拟的世界，而 AR 技术则是将虚拟与现实事物相结合，和现实有一定的互动性，更适合作为智能作业本的技术方案。

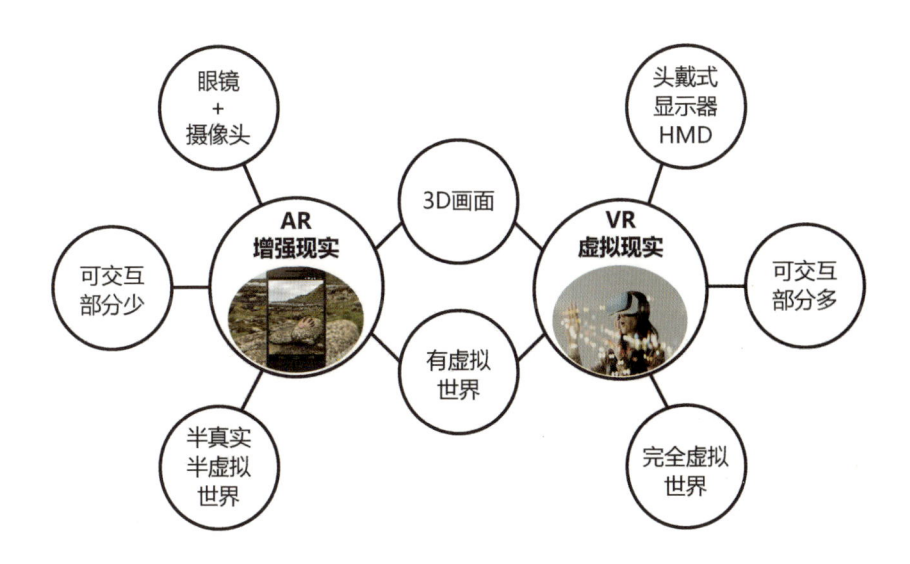

图 5.3-8 技术方案选择 AR VS VR 双气泡图

功能模块集成

经过大半个月的打磨，智能作业本硬件和软件的设计原型开始初见雏形。在老师的指导下，孩子们使用括号图，从智能产品需要考量和把握的几个主要方面进行思考，对产品设计的各个方面做了内部审核。

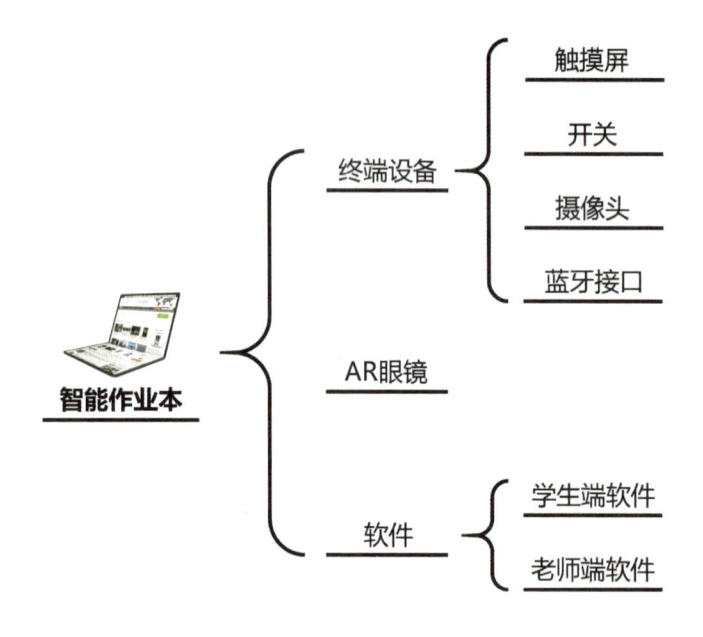

智能作业本 {
- 终端设备 {
  - 触摸屏
  - 开关
  - 摄像头
  - 蓝牙接口
}
- AR眼镜
- 软件 {
  - 学生端软件
  - 老师端软件
}
}

图 5.3-9 智能作业本产品模块构成

（注：在本书成稿的同时，参与项目的孩子们还在认真推进本项目，所以我们特地对功能模块括号图做了简化处理。）

小结

在科创项目的学习过程中，孩子们置身于一个开放性的项目中，对特定问题进行思考，不断刷新和提升自己的认知，在项目的实操和团队合作中获取知识、锻炼技能，其中最核心的是孩子们能够"主动地探究真实世界的真实问题"，将自己所掌握的知识和真实世界建立联系，明白自己为什么而学，学习也更有动力和成就感。这也是 PBL 项目式学习越来越受全社会广泛关注的原因，在美国、北欧，很多学校已经开始把 PBL 项目式学习应用于课堂，在中国也正受到广大学校的关注。